小户型

现代简约

空间改造创意设计全书

李江军　主编

U0331942

机械工业出版社

CHINA MACHINE PRESS

本书精选独具现代简约特点的小户型案例进行专业剖析，就读者关心的小户型装修问题做图文并茂的深度指导。从案例设计说明着手，列出装饰材料与软装饰品的参考价格清单，让读者在借鉴时对预算心中有数，并从每套案例中选出多个具有代表性的功能区间，从小户型的功能格局、材料选择、色彩搭配、收纳设计、空间扩容及施工等多角度进行解析。本书中的小户型装修课堂，是国内多位室内设计师日常工作积累的心得，可启发读者规划自己小家的设计思路。

图书在版编目（ＣＩＰ）数据

现代简约 ： 小户型空间改造创意设计全书 ／ 李江军
主编 . —— 北京 ： 机械工业出版社，2018.8
ISBN 978-7-111-60705-2

Ⅰ . ①现… Ⅱ . ①李… Ⅲ . ①住宅-室内装饰设计
Ⅳ . ① TU241

中国版本图书馆 CIP 数据核字 (2018) 第 189736 号

机械工业出版社（北京市百万庄大街 22 号　邮政编码 100037）
策划编辑：赵　荣　责任编辑：赵　荣　范秋涛
责任校对：白秀君　责任印制：常天培
北京联兴盛业印刷股份有限公司印刷
2018 年 8 月第 1 版第 1 次印刷
184mm×260mm · 10.5 印张 · 84 千字
标准书号：ISBN 978-7-111-60705-2
定价：59.00 元

凡购本书、如有缺页、倒页、脱页、由本社发行部调换

电话服务　　　　　　　　　　　　网络服务
服务咨询热线：010-88361066　　　机工官网：www.cmpbook.com
读者购书热线：010-68326294　　　机工官博：weibo.com/cmp1952
　　　　　　　010-88379203　　　金书网：www.golden-book.com
封面无防伪标均为盗版　　　　　教育服务网：www.cmpedu.com

前言 Foreword

　　小户型通常是指建筑面积在 100 ㎡ 以下的住宅，很多年轻业主在经济能力不太强、家庭成员简单的情况下，先选择购买小户型不失为一种明智的选择。小户型总价相对较低，能够作为过渡型住房，待经济上允许，可再换一个面积大一些的住宅。

　　对于小户型来说，如何通过装修使其拥有更多空间、小而得当，从选材施工到最后布置都是重中之重。除了风格的选择之外，还要对小户型的格局进行合理地设计，在改造上要合理利用每一寸空间，要注重平衡舒适性与紧凑性，充分考虑功能性，就能够为小户型扩展出更多的家居空间。其次应掌握好收纳技巧，就可以做到小而精、小而全，使有限的空间无限放大。

　　本书与姊妹篇《文艺清新 小户型空间改造创意设计全书》，由编委会历时半年多时间，抓住流行热点，确定文艺清新和现代简约是时下小户型装修最为常用的两个设计风格，从近 200 套国内顶尖设计案例中精选出 60 多套独具特点的小户型案例，并邀请两位具有近 10 年设计经验的室内设计师对这些案例进行专业地剖析，而且对读者关心的小户型装修问题做了图文并茂的深度指导。首先从整个案例的设计说明着手，然后列出装饰材料与软装饰品的参考价格，让读者在借鉴时对大概的预算做到心中有数。最后从每套案例中选出多个具有代表性的功能区间，从小户型的功能格局、材料选择、色彩搭配、收纳设计、空间扩容以及施工等多个角度进行解析。小户型装修课堂的内容是国内多位室内设计师日常工作积累的心得，可以启发读者规划自己小家的设计思路。

目录 CATALOG

打造一个居住适宜的现代简约风格小家

现代简约风格是目前最为常见的装饰风格之一，其装饰特色有着浓厚的现代都市感。而且其明快简洁的线条以及时尚大方的设计形式，非常适合应用于小户型的家居装饰。于简约之处凸显格调，恰到好处的空间设计，往往最能衬托出居住者的生活品位与气质。现代简约风格的空间注重家居装饰设计的功能性和实用性，并且注重呈现空间结构及装饰元素本身的美感。其空间设计重点是简洁洗练，辞少意多，因此需要运用最少的设计语言，表达出最深刻的设计内涵。

现代简约风格的空间，经常会将不锈钢、大理石以及玻璃制品、铁制品等同时运用于家居装饰上，并且注重造型结构上的艺术设计，以简约的形式给室内装饰艺术创造新意。此外，尊重材料本身的特性以及材料自身色彩的搭配效果。因此在设计及运用中，最大限度地表现出了空间装饰的协调性，从而能够给小户型家居环境营造一种舒适温馨的生活氛围，而且还增加了生活的品质与格调。

现代简约风格的色彩运用较为大胆创新，并且追求色彩之间的反差效果。黑、白、灰是现代简约风格中最为常见的色调。此外，适量地点缀以白、红、黄等亮色，还能为家居空间带来时尚且现代的视觉效果。但亮色在搭配时要注意比例，不可过多，否则为小户型的家居空间带来视觉压力。

软装饰品是家居空间必不可少的装饰元素，但现代简约风格的小户型家居由于空间较小，因此饰品数量也不宜过多，可以选择一些线条简单、体量适中、设计独特的饰品装点空间。此外，墙面装饰在调节家居空间的色彩上起着非常大的作用。现代简约风格的墙面通常以浅色或单色为主，显得单调并缺乏生气，但也为小户型家居带来了更大的可装饰空间。搭配适量的装饰画，能立刻让墙面焕发出别样的光彩，并且能在很大程度上提升家居环境的艺术气息。

徊香

　　本案在设计上以自然舒适的方式营造整体空间格局。在进门处设置小玄关作为屏风，增加了进门空间的私密性。沙发背景的水泥墙面，更是塑造了别具一格的自然味道。白、蓝等活泼跳色的处理，让空间色彩丰富且具有层次感，凸显着年轻时尚的气息。采用开放式的设计，将柜体的转折连接厨房，让整体空间更具灵活性与延展性。设计师在浴室墙面嵌入了透光的玻璃，让空间更显通透的同时，也增加了装饰效果的趣味性。

建筑面积　40m²
设计公司　隐巷设计

凸显优雅品质的爵士白大理石背景

参考价格 450~780 元 / ㎡

大理石背景墙不仅环保耐用，而且大方时尚。但由于大理石需要使用特殊胶粘剂铺贴固定，拆卸十分麻烦。因此在装修规划时，需要根据摆放的家用电器，尽可能明确地规划好电路布局，避免完工后才发现电线仍然外露的尴尬

营造温馨空间且富有层次的木饰面背景

参考价格 135~260 元 / ㎡

凸显个性的装饰趣味壁灯
参考价格 95~150 元 / 只

壁灯的款式与规格需要与安装场所的装饰风
格相互协调，并且其光源功率要与使用目的
一致。在安装高度上一般以略高于人头为宜

极富视觉冲击力的趣味装饰画
参考价格 350~680 元 / 幅

增加餐厅空间实用性并巧妙隐藏散热片

用餐区域使用层板与餐桌的延展性，增加了餐厅
区域的实用功能。层板的遮挡正好把散热片巧妙
地隐藏于其桌子下面，在一定程度上增加了空间
的美观性。转角柜体的设计大大地增强了餐厅区
域的收纳储藏功能。趣味的壁灯结合趣味的艺术
挂画，在饰品的点缀下，丰富了餐厅区域的灵活
性与趣味性，更增添了餐厅空间的生活品位与舒
适度。

实用美观的钓鱼灯
参考价格 750~1500 元 / 盏

小户型空间设计落地窗的作用

　　在现代简约风格的空间里选择设置落地窗，可以为家居带来更为广阔的视野以及更加全面的采光。无论是客厅还是卧室，有了落地窗的搭配，都会让室内显得非常明亮。于无形中放大了空间面积，并且为家居环境增添了自然的景致。一眼望去窗外的风景一览无遗，仿佛眼里都是唾手可得的美景。

小巧精致的圆几提升空间艺术气息
参考价格 150 ~300 元 / 张
小小的圆几为空间制造出了视觉惊喜。原木材质的几面，舒适而又自然；流线圆润的造型，经典且百搭。在惬意的午后、静谧的黄昏冲上一杯茶，捧起一本书，赏云卷云舒自然之美。

利用背景色块增添卧室层次感

卧室床头与客厅电视背景墙采用了矮墙作为隔断，从而增加客厅区域的采光，并让整体空间更具通透感。卧室的背景墙采用了整体木饰面作为装饰，结合纯色的床品，在增加视觉对比的同时，也增强了空间的层次感。

既有装饰性又具备收纳空间的镜柜
参考价格　380~480 元 / m²
选择镜柜时应注意厚度。镜柜越厚，在日常生活中对人造成磕碰意外的概率也越大。因此，在设置镜柜的时候，应注意控制其厚度，一般 15~20cm 的厚度较为适宜

既环保又具有艺术肌理的水泥漆
参考价格　110~240 元 / m²
涂刷了水泥漆的墙面有一种质朴而又流畅的视觉美感，而且还有着安全环保、施工方便、抗返潮性极佳等特点，因此也很适合运用在潮湿地区的家居环境

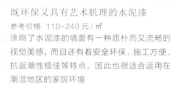

渐变的马赛克图案地毯
参考价格：2500~3600 元/块

▲ 色彩跳跃的马赛克地毯丰富了空间视觉

客厅的电视背景采用了爵士白大理石装饰，结合沙发背景的水泥墙面，让素雅的空间更具自然舒适的韵味。搭配色彩跳跃的马赛克地毯，不仅不显突兀，而且丰富了客厅空间的视觉元素，同时也提升了简约空间的现代气质。

北欧简约风

本案以现代简约作为主体定位，并掺杂了部分欧式元素的装点。顶面石膏线条与墙面镜面不锈钢的呼应，让空间的线条层次更为鲜明。造型简洁、线条硬朗、高反光表面的背景搭配优雅气质的软装，让空间显得低调而富有气质。在色彩的运用上，采用了暖色系搭配，加以部分深色家具的点缀，营造出了温馨优雅的空间氛围，并彰显出了现代简约家居时尚而不失典雅的气质。

建筑面积	80m²
设计公司	牧笛设计

营造温馨空间的素色无纺布墙面壁纸
参考价格 65~135 元 / ㎡

小户型装修课堂

在小餐厅设计镜面的作用

　　镜面往往能为家居空间营造出灵动的氛围。在餐厅背景墙采用镜面玻璃的设计，可为餐厅空间打造出梦幻般的视感。如能搭配金属线条的使用，则能将空间时尚的气质提升到一个新的高度，把小空间简约又不失华丽的气质表现得淋漓尽致。

塑造层次感的石膏线条
参考价格 25~85 元 /m

彰显气质的高光烤漆护墙板
参考价格 750~1580 元 / ㎡
护墙板在安装前，应先设计好分块尺寸，并将每一分块找方找直后试装一次，经调整修理后再正式钉装，避免造成护墙板棱角不直、表面不平、接缝处有黑纹以及接缝不严等情况发生

⚠ 镜面不锈钢点缀高光护墙板彰显高雅

卧室背景墙采用了高光护墙板，再加以镜面不锈钢的点缀，在灯光的映照下，装饰效果极为突出，同时还在视觉上增大了空间感。深色的软包床头除了有色彩上的对比外，更有软硬度的对比，从而让画面显得更为丰富，并增强了空间内的协调感。

内嵌式 LED 筒灯
参考价格 35~65 元 / 只
LED 筒灯属于定向式照明灯具，其光束角属于聚光，因此光线较集中、明暗对比强烈，并且流明度较高，因此更能衬托出安静的环境气氛

点缀空间的装饰壁灯
参考价格 260~750 元 / 只

视觉冲击力较强的装饰挂画
参考价格 350~680 元 / 副

与高光护墙板凸显优雅气质的镜面不锈钢线条
参考价格 35~85 元 /m

不锈钢线条表面一般都贴有一层塑料胶带保护层，该保护层应在施工完毕后，再从不锈钢线条槽上撕下来。如线条槽表面没有塑料胶带保护层，在施工前需贴上一层，以免在施工中损坏了线条的表面

呼应不锈钢线条的不锈钢加大理石台面边儿
参考价格 850~2300 元 / 张

铆钉沙发增加空间层次与时尚气质
雅致的客厅沙发在空间中既有独树一帜的光彩，又能与背景墙在视觉上成巧妙的对比。由点连成线的铆钉与背景的镜面不锈钢线条以及边几，形成了隔空呼应的连贯感，从而让整体空间更具层次，并彰显出了家居空间的时尚气息

酒柜与厨房之间的巧妙过渡

酒柜的设计不仅突出了家居装饰主题，而且与厨房空间形成了完美的过渡与对比。木纹的橱柜门板让空间显得格外温馨。餐厅的酒柜采用镜面作为背景装饰，与木纹的橱柜形成冷暖的对比，让整体空间显得更加精致高雅且富有生活品位。

心灵栖息的地方

　　本案是一套 loft 设计风格的酒店式公寓。干练、简洁并充满现代感是本案空间最大的特点。客厅空间以灰色系为主，加以温馨木质的结合，显得稳重而温暖。客厅顶面采用挑高的处理，提升了整体空间的层次感与纵深感，打造出既有简洁韵味，又不失精致优雅的现代简约空间。此外，在设计上使用了简单的材质，并利用大色块进行装点，为空间营造出了统一而又不单调的色彩。装饰挂画与采光玻璃窗框之间的碰撞，更是凸显出了空间的线条感与优雅气质。

建筑面积　79.2m²
设 计 师　梁桓彬　谌理康　唐静
成软装设　刘德汶

灰色 600mm×600mm 仿大理石亮光瓷砖
参考价格 165~480 元 / ㎡

以装饰挂画与茶几的形状勾勒画面

由于吧台是面墙而席，坐在吧椅上难免会有一些压抑的感受。因此采用线条感较强的黑白装饰挂画，在很大程度上提升了空间的视觉感受。客厅的方形茶几与吧台区域的装饰挂画与楼上卧室的采光玻璃框形成了呼应。采光玻璃框增加了空间的通透性，而抽象画则增添了整体空间的文化品位。

时尚且多功能的吧椅

参考价格 450~750 元 / 张

吧椅的选择要符合人体结构，如选择座面大的吧椅，可以分散人体的压力，从而提高了使用时的舒适度。此外，最好在椅面上设计一定的倾斜角度，这样可以防止人体滑动，以增加使用时的稳定感

精致且装饰性强的托盘

参考价格 260~650 元 / 只

黑框装饰挂画与黑白地毯的呼应

颇具空间感的装饰挂画，在客厅空间起到了延伸视觉的作用。地毯用与其相近色系作为主体色，让空间更显优雅柔和。为了避免让空间显得呆板，采用了比较灵活的图案作为点缀，在丰富空间线条的同时，也凸显出了家居装饰的灵活性。

营造温馨且富有质感的白橡木饰面

参考价格 135~230 元 / ㎡

选择橡木饰面时，要看其木纹是否清晰美观。橡木木饰面有着独特的木纹，并且木纹越清晰说明其品质越高，而普通的木饰面则没有这种具有代表性的木纹

与电视柜形成呼应的白色装饰花瓶
参考价格 220~680 元 / 只

 小户型装修课堂

小户型设计中的取舍要领

　　由于小户型空间局限性较大，多设一个功能区可能会带来更大的空间压力。因此，可以根据自己的生活习惯及需求，舍弃不需要或者不常用到的功能区。如果不常下厨，则可以不设厨房或在其他区域搭建厨具形成一个小巧简易的厨房空间。

厨房实用装饰玻璃罐
参考价格 35~65 元 / 只

圆角镜间营造朗气条的卫生间营造出几分柔和，
灰色调加硬朗线条的结合，形成了独具气质的格调。
台盆台面采用了木纹较为明显的门板作为点缀，柔化
了整体空间的冰冷感，并与灰色的墙地面砖形成了冷
暖呼应。圆角镜的运用，给硬朗空间增加了几分柔和，
并彰显出了空间的细腻与精致。

实用且美观的不锈钢包边玻璃淋浴房
参考价格 880~1500 元 / m²

方便打扫卫生且不失美观的入墙式挂壁马桶
参考价格 4200~6500 元 / 套
壁挂式马桶虽然简洁美观，但其安装过程却十分复杂。通
常需要在马桶背后砌假墙，以便将马桶支架及水箱预埋在
假墙中。由于水箱是嵌入形的，因此对质量的要求非常高，
在价格上相对来说也要贵一点

 小户型装修课堂

灰色对于小户型空间的运用意义

　　灰色是极为沉稳雅致的一种色调，有着不露
锋芒却经久不衰的生命力。将灰色用于家居装修
中，能凸显出居室主人的品位及追求。灰色沉静
内敛的气质能为小户型烘托出稳重的空间气氛，
更能带来前卫现代的感觉。灰色是现代简约家居
中表现雅致格调的最佳色彩，于平静的空间中缔
造出深沉高贵的风情，并且跳脱了艳俗的家居装
饰风气。

撞色 loft 的现代气息

　　本案属于小户型的 loft 公寓，一层以居家的日常活动为主，二层以居住收纳为主。客厅采用部分挑高的空间拓展空间层次，与厨房之间的分割采用矮墙的方式极具创意。矮墙延伸出来的台面，既增加了厨房日常的操作区，又满足了吧台的使用功能。整体空间以素雅的木饰面与白色门板以及墙面做基础，并采用了惊艳的跳跃色彩来装点，制造出了令人耳目一新的视觉盛宴，同时也带来了清新舒适的感受。

建筑面积　62m²
设计公司　三牛设计事务所

增加空间层次感的百叶移门
参考价格 350~680 元 / m²

富有个性的树杈装饰吊灯
参考价格 650~1380 元 / 盏

光泽度较高且色彩饱满的烤漆玻璃
参考价格 150~320 元 / m²

树杈吊灯 灵现客厅空间的点睛之笔

由于 loft 公寓的整体层高都是后期隔层打造，因此运
用挑高的方式更能营造出空间感。灰色的沙发在木纹
细腻的地板上，再加以结合深蓝图案地毯的点缀，更
凸显出了客厅空间的层次与品位。树杈吊灯彰显着独
特的个性，并为客厅空间带来了点睛之笔的装饰效果。

呼应整体空间且不缺独显魅力的抱枕
参考价格 65~145 元 / 只

居家进门处较实用性的装饰挂钩
参考价格 350~750 元 / 只

既可以满足实用性又可以节约开门
空间的玻璃移门
参考价格 380~680 元 / ㎡

拉伸空间视觉感的灰镜背景
参考价格 135~165 元 / ㎡

◄

材料的混合运用凸显卧室时尚气质

烤漆柜体、木纹、灰镜以及玻璃移门等材料的混合使
用，结合跳跃性的色彩，在灯光的点缀下，营造出了
卧室空间的灵活与时尚。灰镜作为背景让卧室空间更
具延伸性，从而增加了卧室空间的层次感，并凸显出
了简约家居装饰的现代气质。

◄

色块的对比让厨房更具舒适性

电视背景采用矮墙结合木饰面，增加了空间的自然味
道。延伸出来的台面均采用统一的装饰手法，让客厅
与厨房空间得到了合理的过渡。白色的厨房柜体搭配
白色的百叶移门，在充足光线的照耀下，大大增添了
客厅空间与厨房空间的舒适性与简洁性。

可以满足小朋友乱涂乱画的黑板漆
参考价格 70~120 元 / m²

制作黑板墙板时一般应先装密度板，然后再刷黑板漆，这样制作的好处是如果以后不需要黑板可以很方便地进行拆除。如果是在墙上直接用水泥砂浆做成黑板的形式，以后拆除就会比较麻烦

满足个性 DIY 的装饰墙贴
参考价格 120~260 元 / 张

有部分墙贴为了让贴错时可以撕下重贴，所以用胶相对较少。但二次粘贴后会影响粘贴的牢固度，日后容易发生翘边、脱落等现象。因此在贴墙贴前应确定好粘贴的位置，尽量一次性贴好

 精心础造让富有童趣的儿童空间

把儿童活动区域与卧室区组合在一起打造，既能作为小朋友的娱乐空间，还能与卧室空间紧密联系。采用清新的色彩，再搭配黑板漆的使用，让整体空间更具对比性，从而增加空间的层次感。卧室背景采用墙贴的图案，让空间更为灵活的同时充满装饰趣味性。

小户型装修课堂

巧用色彩放大空间

黄色与白色、灰色的搭配，往往能在空间里制造出极为现代的色彩视感。前进色和后退色的搭配在放大空间的同时，还能为家居空间带来年轻的活力。此外，如果选择用黄色作为空间主色，那么至少需要一种厚重的色彩，或一种明亮的色彩与之搭配，在达到平衡空间色彩作用的同时，也增强了小空间的层次感。

星空传说

　　本案是一套两房一厅的老式公寓，客厅空间的自然采光不足。设计师非常注重细节，并以达到实用与美观共存的出发点进行改造。通过后期的规划，改善了原空间的动线并充分利用了空间，大大增加了空间的实用性。如利用电视背景的连接增加了餐厅的功能，以及通过缩小卧室的面积而增加了衣帽间的功能等。通过打开卧室与客厅之间的墙体做成玻璃隔墙与卡座功能，既增加客厅的自然采光，又增加了客厅的休闲功能。灰色木饰面结合白色哑光门板，让素雅的空间既有文艺气息，又不乏时尚情调。

建筑面积　90m²
设计公司　k-one 设计

营造空间质感的轨道灯

参考价格 150~260 元 / 只

轨道灯一般是作为家居里的配角灯饰，4000K 的色温有着辅助照明和重点照明的作用。轨道灯所发出的光线与灯具本身都是为了突出主角，绝不喧宾夺主，而且还提升了空间光线的质感

 小户型装修课堂

带抽屉式茶几的设计技巧

　　客厅通常是家居的中心区域，而茶几则是客厅的中心。因此，一个美观而实用的茶几对于家居来说是非常重要的。在茶几上扩展储物空间的思路，将其设计成带抽屉的形式，不仅能让其成为一道亮丽的风景线，拉动家居空间的整体美感，而且还能提高客厅空间的收纳效率。

▲ 客厅与卧室之间富有创意的分割

　　由于客厅空间采光不足，设计师把客厅与卧室之间的墙打通，并做成玻璃隔断的形式，充分地增加了客厅的自然采光。同时用百叶帘保持客厅与卧室的私密性，不仅凸显了空间的设计美感，而且不影响客厅摄取自然光。此外，还利用采光口的空间设计了一个卡座，增加了客厅空间的舒适性，让家居生活尽显小资情调与惬意。

◁

组合吊灯与黑板漆形成呼应

　　餐厅采用了形状各异的组合式吊灯，在营造现代气氛的同时，还提升了空间的品质。黑色的吊灯与轨道灯及黑板漆墙面之间的呼应，带给人一种清雅的氛围，并且在视觉上由线延伸到面，呈现出了不一样的空间感受。黑板漆与整体色调所形成的强烈对比，则为空间增加了层次感。

暗藏灯带增添卧室柔美氛围

参考价格 50~180 元 /m

越来越多的家居在设计顶面时会加入暗藏灯的元素。暗藏灯主要是由灯管或者 LDE 软管灯和暗槽组成，只能看见灯光却看不见灯具，因此充满神秘感。在卧室空间的顶面设计暗藏灯带，能烘托出朦胧柔美的睡眠环境

凸显空间雅致的灰色壁纸

卧室采用了简洁、雅致的壁纸作为背景，再搭配灰色的床品，形成了极富协调感的睡眠空间。纹理清晰的原木色地板让空间显得温馨而舒适，在灯光的渲染下，其纹理细节更显精致，并在视觉上拉伸了空间。

装点空间墙面的装饰挂钟
参考价格 150~360 元 / 只

节省空间的微波炉架
参考价格 85~180 元 / 付
在安装微波炉架之前，应先将厨房里相同种类的物品放在一起，并根据每个物品的用途进行分类收纳。这样不仅能选出放置微波炉的最佳位置，而且也能让厨房空间显得更加井井有条

白色错缝拼贴较有韵味的小砖
参考价格 160~340 元 / ㎡

既有质感又实用的玻璃层板
参考价格 150~260 元 / 块

优雅的灰色大理石台面
参考价格 430~680 元 / ㎡
大理石虽然表面容易污染，但清洗
起来却很简单，一般用微湿带有洗
涤剂的布进行擦拭即可。总体而言，
以大理石为材质的台面还是很容易
打理的

点缀局部的黑白花纹地砖
参考价格 230~450 元 / ㎡

趣味的木头挂钩
参考价格 350~550 元 / 只

阳光之城

　　本案属于挑高的酒店式公寓，在设计布局上既保证了客厅空间的挑高需求，而且很好地解决了楼梯与餐桌的位置摆放与动线需求。进门处增加的储物空间，缓解了小空间的收纳压力。卧室用护栏做半开放式隔断，使空间更具通透性，并呈现出年轻时尚的现代气息。色彩上采用了黑白分明的对比，充分地发挥出了中性色的层次递进。再利用细腻精致的线条作为延伸，强调了整体空间格局的简约与流畅。

建筑面积　78m²
设计公司　大集空间设计

◀

墙面与落地下的线条感

客厅背景墙摒弃了烦琐复杂的装饰，而是用简洁明了的线条，展现出现代简约风格的气质，而且使空间显得既别致细腻又不缺乏线条感。落地黑白装饰画不仅装点了背景墙，而且凸显出了本案空间点线面的层次特色。

富有个性不缺品位的脚凳
参考价格 500~1200 元 / 张

呼应圆形餐桌的现代装饰吊灯
参考价格 1500~3200 元 / 盏

通透性与现代感共存的钢化玻璃护栏
参考价格 480~680 元 /m

◁

装饰壁灯彰显趣味性

不规则排布的装饰壁灯除了具有照明功能
外，还给空间增加了灵动感与趣味性。此
外，装饰壁灯不仅与客厅吊灯形成了呼应，
而且还与楼梯的踏步形成了左右对称的画
面，也因此增加了空间的平衡感与协调性。
简洁的楼梯扶手与楼板的收边线条形成了
共鸣，并与白色的顶面、墙面形成了反差，
突出了现代简约风格的对比美感。

纹理细腻并不失质感的装饰无纺壁纸
参考价格 75~120 元 / ㎡
无纺壁纸需要使用壁纸胶粘贴，并且要求墙面
平整、光滑、清洁干燥，因此在铺贴前建议做
好防潮处理

凸显自然气息的复合木地板
参考价格 350~850 元
复合木地板是由不同树种的板材交错层压而
成，因此克服了实木地板湿胀干缩的缺点，具
有较好的尺寸稳定性，并保留了实木地板的自
然木纹和舒适的脚感

简洁的墙面悬挂别致的装饰镜，在镜子的折射下，让空间更有画面感与对比性。搭配线条细腻的餐厅边几与其呼应，彰显着空间的品位。加以装饰花瓶的点缀，凸显出了高尚的情趣与优雅的品质。

个性装饰镜
参考价格 850~1650 元 / 只
在墙面固定装饰镜时，基板的灰尘和污物必须清理干净。然后按设计要求在基板和镜面之间放一层防潮纸，再用玻璃胶或其他方法安装玻璃，用玻璃胶粘时，必须分点用双面胶带粘贴玻璃，胶带间距不宜过大。待胶干固后，再用玻璃胶进行收口处理

线条感十足的精致不锈钢踢脚线
参考价格 25~35 元 /m

在黑白灰的空间里，抽象装饰画往往能带来耐人寻味的感觉。布满线条的画面以及渐变的色彩，给人以无限的遐想空间。搭配个性而富有趣味的铁艺装饰，凸显出了空间里的艺术气质。

呼应整体空间的铁艺趣味装饰框
参考价格 450~850 元 / 付

 小户型装修课堂

立体墙饰的运用技巧

　　现代简约风格的墙面设计，往往不同于传统墙面装饰的循规蹈矩，而是追求极尽的视觉效果。其墙面往往会选择现代感比较强的装饰，如造型时尚新颖的艺术品挂件、挂镜、灯饰等。立体的装饰品在不同的角度拥有不同的视觉效果，因此能让整个墙面鲜活起来，而且独特的立体感，在为空间增加灵动感的同时，也带来了扩大居室空间的视觉效果。

清新之美

    本案属于两室一厅的简约风格户型。由于户型面积较小，因此在设计上打破常规，没有采用传统客餐厅分区的形式，而是通过家具的摆放来打造出不一样的空间格局。开放式的厨房设计，很好地增加了空间的互动性。设计师通过隐形门的处理，把三个房间的门洞与墙面进行很好的结合，从而增加了空间的视觉效果与整体性。整个空间以雅致的色彩营造出了舒适优雅的氛围，深色的地板搭配浅色的墙面，突出了简约现代的空间格调。

建筑面积　66m²
设计公司　大晴设计

图案对比鲜明的装饰板画
参考价格 450~750 元 / 幅

▲ 装饰画搭配木纹边柜呈现空间韵味

墙面采用隐形门的灰色，延伸呼应了空间的整体性。地面采用跳跃色彩地毯，与蓝色休闲沙发的点缀，增加了空间的灵动性，并且丰富了空间的画面。图案各异的黑底装饰画，搭配木纹优美的边柜，呈现出了不凡的韵味。

▲ 灰玻璃提升空间私密感

为了增加进门处的私密性，设计师在开放式的橱柜台面上，采用了灰玻的隔断进行点缀。灰玻与厨房的烤漆门，以及烤漆玻璃形成了鲜明的对比，从而提升了厨房空间的质感。颜色雅致各异的餐椅结合白色吊灯的装点，彰显出空间的优雅与闲适。

彰显空间格调的灰色木纹地板
参考价格 350~780 元 / ㎡
在选购木纹地板时，要懂得察言观色。尽量选择颜色逼真、纹理清晰的木纹地板。这样的木纹地板不仅质量比较好，而且装饰效果也更为显著

沉稳大气的实木装饰摆放架
参考价格 550~1260 元 / 张
简约自然的实木装饰摆放架，不仅其自然的木色有着十分清爽的装饰效果，而且在收纳方面也有着独特的亮点。实木装饰摆放架应根据家居空间的大小以及装饰风格进行选择

▼ 隐形门增加空间整体性

两个房间以及卫生间的门均采用了隐形门的设计，在一定程度上增加了空间的神秘感与整体性。隐形门与墙面均采用了统一的色彩，与地面形成了较强的视觉对比。顶面没有造型的吊顶，凸显出了空间块面的整体性，加以暖色灯光的烘托，呈现出了简洁优雅的家居氛围。

颜色淡雅的模压板衣柜移门
参考价格 550~850 元 / m²

精巧别致的杯架
参考价格 130~350 元 / 只

格子窗户强化了家居的防盗功能
地面采用 300mm × 300mm 深色的地砖
铺贴，再以白色的填缝剂勾缝，凸显出了
空间块面感。搭配木色的凳子画架，为阳
台空间营造出了自然温馨的氛围。白色窗
户用小格子的方式装点，不仅具有防盗功
能，而且还与地砖形成了呼应。

适合用于阳台，防潮性较好的铝合金板
参考价格 450~750 元 / m²

造型突出的模压门板
参考价格 350~550 元

 小户型装修课堂

简约家具的运用技巧

　　现代人向往清新自然、轻松随意的居室环境，越来越多的人开始摒弃繁缛豪华的装修，在家居中常以简单的形象或符号来构筑空间，在家具的搭配上也是如此。现代简约风格的家具力求简洁、明快，呈现出简约但不简单的气质，并且富有极简的美学理念，在结构上，简化结构体系，精简结构构件，而且讲究家居和空间的逻辑搭配，打造出没有屏障或屏障极少的居住空间。

棱角鲜明的落地装饰花瓶
参考价格 260~550 元 / 只

摩登时光

　　本案因为建筑因素的限制，只能通过后期的合理布局来呈现功能区域的划分以及动线的规划。设计师通过金属、玻璃、烤漆柜体以及毛毯等材质的灵活运用，充分地展现出了空间内材质以及颜色的巧妙搭配。以橙色与黄色为空间主色调，再掺杂一些辅助颜色，营造出了空间的色彩氛围。创意个性的装饰品彰显着空间的品质与精致，以纯度高且跳跃的色彩突出了强烈的视觉冲击力。本案颜色虽多，但是繁而不乱，而且每一种色彩在空间里都能找到关联和呼应。

建筑面积　51m²
设计公司　文彪装饰设计
设计师　　杜文彪

体现空间质感的烤漆柜门

参考价格 450~850 元 / ㎡

烤漆的抗污能力强、易清理，但一旦出现损坏就很难修补，通常需要进行整体更换。因此在使用时要精心呵护，尽量避免磕碰和划痕

呼应空间层次的立体装饰挂画

参考价格 680~1500 元 / 幅

立体装饰画一般有几何、风景和抽象等内容，各有特色，装饰效果也各有差异。在选购的时候，要根据放置空间的装饰风格选择合适的图案，避免与整体空间相冲突

错落有致的饰品摆具空间品位

琳琅满目的软装饰品摆满了装饰柜。丰富的饰品不仅
错落有致，而且在灯光的渲染下，随着色彩饱和度的
增加，更显精致与现代。利用双层板做柜体，且用颜
色的差异来体现柜体的线条，凸显出了空间装饰的层
次感。

体现空间对比度的黑白格装饰马赛克
参考价格 135~360 元/㎡

▽ 烤漆柜体结合烤漆家具营造空间精致感

空间的柜体采用高光烤漆板，搭配饱和色彩增添了空间的质感与对比度。柜体的
橙色与沙发抱枕的点缀，加上地毯色彩的呼应，营造出了强烈的视觉冲击力，同
时也表现出了设计师独具一格的设计理念。

▲ 储物柜的设计增加卧室背景墙的实用性

在卧室背景墙的设计中，设计师融入了储物柜并在两侧结合，增加了卧室的收纳功能。卧室中间的墙画在视觉上拉伸了空间，并用橙色床旗与之呼应，产生了鲜明的层次感。此外，有了墙画的装饰，也凸显出了卧室空间的浪漫情调。

颜色艳丽对比鲜明的装饰烤漆背景
参考价格 550~880 元 / ㎡

运用于空间分割的铝合金玻璃窗户
参考价格 380~780 元 / ㎡

颜色饱满的个性书椅
参考价格 750~1250 元 / 把

颜色丰富的条纹罗马帘
参考价格 450~780 元 / m²
罗马帘丰富的颜色与空间中的色彩搭配，不仅能在视觉上延伸了空间的维度，而且还加强了家居色彩之间的互动，从而让空间显得更为完整

 小户型装修课堂

吊柜的设计与搭配要领

　　吊柜对于小户型来说不仅具有非常强大的收纳功能，而且如果能为吊柜搭配一些饰品摆件或者对其进行个性化的设计，还可以成为空间里的装饰亮点。吊柜的大小、安装高度和位置需要根据空间的特点事先规划好，安装的位置尽量以不影响日常活动为准则。

呼应空间的个性装饰吊灯
参考价格 3500~7500 元 / 盏

酒红色回忆

　　本案属于现代简约风格，因此没有复杂多余的装饰。恰到好处的软装饰品，是整体空间最大的设计亮点。画面简洁明了，空间以淡雅的亮面大理石作为地面以及墙面材质铺贴。加以局部墙纸以及硬包的点缀，在自然光的映衬下，充分地展现出了空间简约而不简单的装饰品位。此外，利用材质勾勒出的拼缝以及顶面的线条，加强了空间的层次感。本案空间整体以驼色系为主，搭配时尚的家具元素，并加以部分酒红色的点缀，为空间增添了精致。

建筑面积　88m²
设计公司　上海飞视设计

时尚且增加舒适度的装饰抱枕
参考价格 130~350 元 / 只

简约淡雅的地面大理石
参考价格 550~850 元 / m²
大理石材质往往会存在一定的色差，而这种色差会直接影响到整体
的装饰效果。因此在选购大理石的时候，可以将一批产品垂直放在
一个平面上，观察有没有颜色参差不齐的现象

简约时尚装饰壁灯
参考价格 1500~3200 元 / 只

◁

酒红休闲椅彰显生活品质

在色彩比较统一的空间里，添加亮色的点缀，不仅不会破坏空间的协调和统一，反而能给空间增加不少活力与气质。在茶几加以红色装饰植物与其呼应，均衡了画面的协调性。采用纹理细腻的装饰柜与地毯形成呼应，在彰显空间品位的同时，让家居环境充满温馨感。

小户型装修课堂

餐厅银镜的设计要点

在餐厅墙面运用茶镜进行装饰不仅在视觉上延伸了空间，而且以其清亮大方的质感，演绎着小空间简约素雅的气质。此外，茶镜在可见光范围内有一致的吸收特性，有着调节光线亮度的作用，但要注意不能大面积使用，避免因大面积镜面带来的压迫感。

塑造不同空间感的银镜
参考价格 125~185 元 / ㎡
定期的清洁保养对于镜面来说是非常有必要的。镜面上的污垢可以用软布进行擦拭，湿布擦拭镜面往往容易让镜子表面更加模糊不清，同时也会让镜子受潮腐蚀。此外，利用清洁剂的时候也最好选用专业的玻璃清洁剂，避免劣质清洁剂对镜子表面造成损伤

◁

餐厅镜面背景墙塑造画中画空间感

餐厅背景因为正对着室内的过道，且餐桌倚墙而摆放，让餐厅空间略显局促。设计师利用在餐厅背景墙上设置镜面的手法，很好地拓展了餐厅的视觉空间。同时由于镜面对过道空间进行了折射，于无形中增加了餐厅空间的通透感。酒红色的餐椅与顶面的古铜不锈钢形成了近似色的呼应，增添了餐厅空间的画面感与时尚感。

纹理清晰、质感突出的硬包床背景
参考价格 450~750 元 / ㎡

素雅而富有温馨感的无纺壁纸
参考价格 75~125 元 / ㎡

凸显空间细腻品质的装饰瓶
参考价格 1350~2680 元 / 组

具有对称性的床头装饰挂画
参考价格 850~1600 元 / 幅

横平竖直的线条让卧室空间更显层次

主卧地面采用木地板搭配床边地毯，再结合硬包背景、
创意吊灯、金黄色台灯暖光的点缀下，让卧室空间的
温馨感倍增。硬包背景的硬朗线条以及顶面的不锈钢
线条遥相呼应，同时也增强了卧室空间的层次感。

金属饰品的运用技巧

　　在视觉上营造更大的空间感是小户型在装修中最为关键的问题。利用镜面、打通、浅色调等都是普遍的运用手法。此外还可以在空间里搭配一些金属饰品，利用金属的反光及质感装饰小户型空间，不仅可以在视觉上达到扩张空间的效果，而且浓烈的金属感能完美地提升空间的品质。

后花园绅士灰住宅

　　本案的原始户型中，客餐厅空间比较小，而且缺少采光及储物空间。此外，卧室门以及主卫门正对着大门，也是极为不合理的设计。设计师通过改造设计以及适当的调整，让空间格局显得更为合理。利用次卫与厨房的墙体厚度，增加进门处以及客厅电视背景的储物空间。书房向南移动且做开放式的处理，不仅扩大了客厅的面积，同时还增加了客厅空间的采光及通风，并且改变了原来主卧进门的方向。客餐厅及书房以优雅的灰色调为主，而卧室则运用了跳跃而不乏沉稳的色彩，渲染了家居空间的氛围。

建筑面积　90m²
设 计 师　付涵沁

个性张扬的亚克力花瓣吊灯
参考价格　2800~4500 元 / 盏

点缀空间顶面的实木线条
参考价格　45~120 元 /m
木线条可以买成品免漆的，但是通常颜色的
选择不是很多。如果对木线条颜色有更多的
要求，则可以买半成品的木线条，并在后期
刷上木器漆或者木蜡油擦色

增加空间通透感的仿石材高光釉面地砖
参考价格　450~880 元 / m²

▲ 客厅与书房的虚隔断增加空间互动性

小户型装修课堂

巧用电视机位作为收纳空间

　　小户型的客厅面积本来就不大，因此在设计客厅时，可以
选择放弃电视机的设置，留出电视机的位置用于收纳物品或陈
列装饰品，打造出一个与众不同的客厅空间。

通过往南扩展增加了客厅空间的使用面积。书房与客厅之间采用
了方柱的隔断形式，既保证了客厅空间的自然采光，同时也可以
对两个功能区进行很好地划分。仿石材亮面地砖搭配黑色的落地
灯，在视觉上产生了强烈的视觉对比。沙发背景墙上灰色的壁画
呼应了整体空间的灰色调，不仅加强了家居空间的完整感，而且
彰显出了空间的优雅品质。

增加空间层次感的定制壁画
参考价格 320~650 元 / ㎡

利用储物柜门板增加儿童房的活泼感

个性趣味的壁画背景，搭配色彩跳跃的抱枕以及窗帘，再加以三头装饰吊灯的点缀，让儿童空间更有活力。储物柜采用上下柜的设计，增加了狭小空间的实用性以及空间感。同时也增强了储物收纳的灵活性。"X"造型储物柜门板，让原本灰色沉稳的柜体显得个性而活泼。

极富韵味的定制装饰柜
参考价格 450~550 元 / ㎡

随手可触的阅读书报架
参考价格 1500~2600 元 / 只

▲ 卡座突出书房空间的舒适与休闲

在自然采光极佳的书房空间里，利用窗台的高度设计成长条卡座，结合书桌的使用，提升了书房空间的舒适度。卡座除了能充当书椅外，其下方的抽屉，更是让书房的储物功能得到了很好的提升，让书房空间集实用与美观共存。纱帘让空间里的光线显得朦胧舒适，凸显出了书房空间的休闲与惬意。

简洁美观的卫生间防水石膏板吊顶
参考价格 155~185 元 / ㎡

品质而个性的六角地砖
参考价格 220~460 元 / ㎡
由于六角砖的造型与常规的瓷砖不同，在铺贴过程中很不容易对线。因此在施工时对工人的铺贴能力有着更高、更专业的要求

跳跃的柠檬黄

　　本案属于现代简约风格的 loft 公寓。设计师通过整体的协调及划分，充分地增加了空间的利用率。楼梯下方空间的封闭式设计，增加了小户型的收纳能力。进门处通透的钢化玻璃卫生间，无疑是本案空间最大的亮点，加以银镜的搭配，拓展了进门空间的视野。设计师通过对跳跃色彩的点缀与关联，大大地提升了小空间的活力。挑高的客厅空间背景墙，运用了壁画的点缀，让人眼前一亮，并且拉伸了空间的层次感，凸显出了都市生活的品位。

建筑面积　47m²
设计公司　益善堂装饰设计
设计师　王利贤 李丝莲 张琳琳

拓展空间视觉的落地银镜
参考价格 95~165 元 / ㎡

增加通透感的钢化玻璃隔墙
参考价格 185~285 元 / ㎡
钢化玻璃隔断在日常使用中，要保持整体的干净整洁，因此需要进行定期或者不定期的保养清洁。此外，应注意尽量不要往上面乱挂物品，以保证钢化玻璃隔断的透光性

▲ 色彩丰富的客餐厅彰显活力

挑高的沙发背景墙采用了装饰壁画铺贴，拉伸了整体的空间感。背景墙上跳跃性的色彩，都能在空间中找到与其相呼应的色块，从而让整体空间色彩显得协调统一，并且营造出了现代简约的时尚都市风情。客餐厅采用了木纹略深的木地板铺设，不仅与空间中的亮色形成了对比，而且增加了整体装饰的稳定感。

简洁舒适的大理石窗台
参考价格 350~680 元 / ㎡

色彩丰富的茶几
参考价格 850~1650 元 / 组

楼梯下方空间的设计技巧

　　由于 loft 家居楼梯的下部空间呈不规则形状，比较难进行设计利用，因此常被人遗忘。如果不想在楼梯下方空间花太多的心思进行设计，可以将其围合起来设计成一个小单间，用于收纳不太常用的零碎杂物或者生活用品，极大地缓解了小空间的收纳压力，而且全围合的设计让空间显得更为完整统一。

增加空间私密性的储藏间隐形门
参考价格 2000~3500 元 / 套
如果将楼梯下的空间设计成储藏间，那么为其搭配一扇隐形门会是一个很不错的选择。隐形门的门面与墙板巧妙融合，进一步加强了隐蔽性，从而让该区域在视觉上显得更为整体

彰显空间品位的床头装饰地图
参考价格 450~860 元 / 张

呼应整体的简约床头吊灯
参考价格 350~750 元 / 只

移门衣柜提高空间利用率

参考价格　1200~3000 元 / 套

移门衣柜使用方便、结构稳定而且能提高小户型的空间利用率。干净的轨道能延长移门的使用寿命，因此要经常打扫轨道内的杂物，尤其是硬物。此外轨道内如果有积水，也要第一时间用全棉布抹干

立体感十足的装饰抱枕

参考价格　65~125 元 / 只

几何元素的立体感十足，将其运用在抱枕上，能让家居气氛瞬间流动起来。另外，选择空间中出现过的色彩，作为抱枕的配色，能加强空间色彩之间的互动感

▲ **世界地图壁饰提升卧室装饰品位**

卧室与客厅空间的挑高部分采用矮护栏的分割，保证卧室采光与通风的同时，增加卧室的通透性与空间感，还可以同时共享客厅空调，背景采用竖条硬包大小错拼的方式，拉升卧室空间的层高视觉，加以世界地图的壁饰点缀，彰显品位的同时还增强了卧室空间的层次感。

△ 镜面增添狭长小厨房的空间感

进门厨房采用亮光的地砖铺设，搭配木纹较强的灰色门板，让进门处的对比度增强。上下柜当中采用了镜面的装饰，在视觉上增加了进门处以及厨房的空间感。暖黄色的灯光，不仅呼应了空间里的黄色搭配元素，而且还营造出了家居生活的温馨情调。

活力空间

　　本案由于餐厅空间比较小，因此将厨房与餐厅进行连体设计，让两者之间关联更为紧密的同时，还提升了小户型的空间利用率。整体空间以灰色为主，墙面没有过多的装饰，并以白色为基色，加以蓝色色块的点缀，突出了背景墙的装饰感。本案空间以简洁的色彩区分空间，再加以跳色的软装饰品以及装饰画等元素进行点缀，不仅与家具形成了呼应，而且让空间更有现代氛围与时尚感。

建筑面积　80m²
设计公司　会心一筑
设计师　周才涌 姚飞荣

用于地板与墙面收口的实木踢脚线
参考价格 20~35 元 /m

极具视觉冲击力的装饰画
参考价格 600~1200 元 / 幅

增加延伸的条纹抱枕
参考价格 80~150 元 / 只

个性低调的落地灯
参考价格 680~1250 元
直照式落地灯的灯罩下沿应尽量低于眼睛，否则会造成眩光
让眼部感觉十分不适。此外由于直照式落地灯的光线较为集
中，因此应避免在灯下放置镜子或玻璃制品，以免因反光影
响阅读和休息

橙色的结合增加空间视觉感

橙色的沙发结合蓝色的背景墙，再加以白色茶几与素
雅地毯的搭配。让空间呈现出色彩纷呈的对比感，同
时也增加了色彩之间的层次。橙色沙发搭配富有视觉
冲击力的装饰画，在起到呼应协调作用的同时，还增
强了空间的视觉感。

63

既有装饰性又满足实用性的装饰架
参考价格 1200~1800 元 / 套

▲ 细致的线条让卧室更有层次

利用窗台柱子的厚度做矮柜，增加卧室的储藏功能。地面延续整体空间的地板，让整体更协调。灰色的床呼应地面色调，用深蓝作为点缀，结合背景的装饰画，彰显空间品位。铁艺线条组合而成的边几与书桌，既有对称关系的同时，突出空间的细腻感与曲线美。

巧用床品提升空间品质
参考价格 350~800 元 / 套
当家居的主色调已成定局，此时床品就成为卧室空间里最容易"变色"的单品。无需大动干戈，搭配不同颜色、质感的床品，往往就能轻而易举地改变空间的品质与氛围

增加生活情趣的装饰相框
参考价格 65~150 元 / 只

钢化玻璃移门
参考价格 550~850 元 / ㎡

简洁大方的仿石材墙面砖
参考价格 180~450 元 / ㎡

在购买仿石材砖时，可将其直立起来，并用手敲击砖体，听到的声音越清脆则证明砖体的密度越高，其品质也就越好。反之声音越沉闷则说明仿石材砖的密度越差，那么其品质就比较差

方便打理的厨房人造石台面
参考价格 680~1280 元 / 延米

将挡水增高满足水槽的使用

厨房空间与餐厅区域的结合，让整体空间的利用率得到了提高，同时还增加厨房的操作台面。由于采用了开放式厨房的设计，瓷砖的收口在阴角处尽显完美。水槽的背面没有铺贴瓷砖，因此需要把挡水做高，防止在日常的使用过程中把墙面打湿，从而减少了墙面的使用年限。

 小户型装修课堂

如何利用小吧台发挥大作用

小户型的面积一般较为小巧，而且由于人数少，不需要腾出一个空间设置餐厅，在厨房设计一个小吧台，就完全能够满足小户型的用餐需求。开放式厨房的吧台，不仅在空间上起到了隔断的作用，而且吧台台面除了可用作餐桌外，还可以作为小工作区，用来看书办公。

空间魔方

　　本案属于格局较为规整的户型，因此在空间功能的划分上比较简单。设计师利用墙面的装饰，增加了空间的层次与质感。敞开式的书房增加了空间的通透视觉感，再结合装饰的柜子，既保证了空间的装饰性，又大大地提升了空间的收纳效率。在色彩上，每个空间均采用了鲜明的颜色进行对比，不仅凸显出了整体的空间感，而且彰显了生活品位。采用木纹比较明显的斑马木饰面进行串联整个空间，搭配白色烤漆的衬托，让空间彰显自然韵味与质感的同时，更具协调统一性。

建筑面积　95m²
设计公司　雅集室内设计
设 计 师　金卫华

凸显客厅空间感的几何装饰块吊灯
参考价格 2500~4500元／盏

▲ 客厅电视背景墙将装饰与收纳完美结合

客厅的电视背景墙采用了柜子的组合方式，既展现了客厅的装饰摆件，又可以满足客厅空间的收纳需求。柜子采用了对称的组合方式，让整体空间显得更为协调。敞开的格子搭配格子状的橙色休闲椅，在吊灯的呼应下，让空间的视觉元素显得更为丰富。垂直百叶帘的使用，不仅增加了客厅空间的线条感，而且彰显出了家居装饰的品质。

韵味较强的餐厅装饰挂盘
参考价格 45~135元／只
挂盘一般都是以组合的形式出现，其大小、材质、形状可以不同，但挂盘里的盘饰图案要形成一个统一的主题，或者形成统一的风格、气质。避免因杂乱无章而破坏了整体的画面感与表现力

增加餐厅个性的陶瓷装饰品
参考价格 1500~3500元／组
选择抽象并富有视觉冲击力的艺术品作为家居装饰，能给空间带来独具一格的气质。艺术品摆件除了具有装饰意义外，还赋予了人们更多的思考与想象空间

开放式的书房空间则让家居更显通透

把书房与客厅结合在一起，不仅能让整体空间更显通透，而且增加了书房与客厅空间的互动性。白色的书房椅子与白色的台灯相互呼应，在书柜的衬托下，凸显出了书房空间的装饰品质。

小户型装修课堂

开放式书架的运用技巧

小户型由于功能区不足，因此常将书房设立在客厅中。可以将书房空间设置在沙发背后的位置，沙发则可以作为两个空间的隔断。此外还可以在书房区域设置一个开放式的大书架，在书架上摆上书籍和工艺饰品，这样的设计不仅提升了空间利用率，同时让书架上的书籍和饰品也成了客厅空间墙面装饰的一部分。

线条张扬的黑色落地灯
参考价格 900~1500 元 / 盏

拉伸空间感的斑马木饰面板
参考价格 185~320 元 / ㎡

◁

斑马木饰面板增加空间的延伸感

卧室空间采用硬包的深浅对比，突出了空间背景的层次。床头利用小吊灯替代了台灯的使用，再结合个性床头柜的装饰，为卧室空间制造出了别具情调的装饰感。斑马木饰面的移门，在凸显木纹质感的同时，还拉伸了空间的延伸感。

增添空间线条感的玫瑰金不锈钢装饰镜框
参考价格 150~350 元/m

增加防滑度的开槽地面地砖
参考价格 350~650 元/㎡
为了保证地砖的开槽准确，事先要定好开槽线，再用开槽机或者无齿锯进行切割，然后把内槽清理干净。在铺贴时要保持与四周瓷砖相齐平。最后用填缝剂把周边补好，并将多余的胶粘剂及污物清理干净

增强厨房凹凸感的墙面砖
参考价格 180~350 元/㎡

使空间质感增强的钢化玻璃门板
参考价格 450~850 元/㎡

29 m² 老房子重生

　　本案属于上海的老宅，设计师通过对客厅的重新布局与规划，让原始空间的面积得到更好的利用。设计上采用了对比鲜明的黑白格调，再结合木纹清晰的地板，凸显出了空间的自然舒适。采用块面切割以及青砖的铺贴，再加上现代风格糅合老上海味道的装饰手法，于无形中延续了原有的空间构造以及历经沧桑后的感觉。加入现代元素，营造空间的立体感与生活品位，让空间既有老宅的韵味，又不乏时尚大气的现代感。

建筑面积　29m²
设 计 师　金选民

富有韵味的装饰吊灯
参考价格 150~350 元 / 只

△ 棱角鲜明的切面营造空间层次感

设计师通过对墙面、顶面采用切面的方式，增强了空间的现代感。棱角鲜明的块面与电视柜，搭配三角图案的装饰地毯，营造出了空间的层次感与视觉穿透力。在保证原建筑的历史韵味的基础上，在黑白鲜明的空间里，搭配沙发的跳跃色彩，凸显出了家居空间的个性与时尚。

呼应空间环境的装饰画
参考价格 150~380 元 / 幅

不规则的亲关切割构柜

进门处采用与客厅打通的设计，大大地提升了进门处的空间感。将打通口设在视线下方，增加了空间的神秘感。进门鞋柜与电视背景墙背靠背的结合，成了空间里的设计亮点。采用斜面切割方式设计的鞋柜，不仅满足了进门处的储物需求，而且彰显了小空间的设计智慧。

体现沧桑味道的装饰墙面小砖
参考价格 180~380 元 / ㎡
或大或小的一面砖墙，能透出一种别致的艺术气
息，其与众不同的粗犷带着独有的细腻感，为简
约风格的空间增添个性和温暖

△ 装饰壁炉凸显老上海味道

客厅背景墙采用了小青砖的装饰，结合装饰壁炉的点缀，凸显出了空间
的韵味与品质。墙面白色延伸出来的台面，增加了小空间的装饰性。切
面的对称方式让空间画面更显协调，加以跳色装饰画的点缀，不仅增加
了空间的对比度，而且让家居环境更显现代格调。

体现空间品位的装饰壁炉
参考价格 15000~28000 元 / 只
在简约风格的小户型中，壁炉的运用不一定要达到原有的功能设定，
也可以单纯地用作装饰。装饰壁炉不仅可以让墙面变得更加生动，
而且能在无形之中为家居空间带来缕缕温情

味简创意钓鱼灯
参考价格 800~1800 元 / 盏

呼应整体且具有趣味的木地板
参考价格 350~780 元 / ㎡

小户型装修课堂

楼梯下空间的设计技巧

在小户型中有许多是 loft、复式的格局，还有一些是顶层带阁楼的户型。这些都无法避免需要用到楼梯的设计。楼梯的下方空间，如果能够充分地利用起来，不仅能为家居增加收纳空间，而且通过一些巧妙的设计，还能让这个不起眼的小角落，显得更有格调，从而也增添了家居环境的艺术情调。

让空间更有层次的 10cm×10cm 白色小砖
参考价格 165~350 元 / ㎡

干净简洁的人造石台面
参考价格 360~680 元 / ㎡

美学生活

本案的设计以大面积的灰色木纹地板与墙面涂料展开。整体糅合了温馨的布艺搭配、富有设计感的灯具、个性壁饰，以及突出简约风格特色的百叶帘装饰。营造出了一个既注重功能，又温馨舒适的现代简约空间。空间里富有设计感的灯具，起到了画龙点睛的作用，让空间更具灵动性。在色彩上，以灰色结合白色的格调为主题，加以部分蓝色的点缀，再运用材质的关联把空间紧密地联系到了一起，让简洁现代的气息蔓延到空间里的每一处角落。

建筑面积 86m²
设 计 师 邱佩萱

▲ 随意的留缝增加了空间的层次及灵动性

餐厅背景墙采用了白色的大理石纹理装饰板，紧密地贴合了整体空间的材质联系，为客餐厅空间营造出了协调统一的视觉感。此外，留缝的处理让空间更具灵动性，同时呼应了顶面空调出风口以及轨道灯，并与同样纹路朝向的木地板形成了有机对话。客厅采用了落地窗的设计，在自然光线的映衬下，彰显出了空间的纵深感。

▼ 大面积灰镜提升客餐厅空间的延伸感

客厅灰色地板的铺设，凸显出了优雅舒适的空间氛围。背景墙铺贴了大面积的灰镜，再搭配白色装饰花纹板的使用，让整个墙面在视觉上形成了强烈的对比。白色装饰板以内凹做层板，增加了客厅背景墙的实用性与装饰性，而且还拓展了客餐厅空间在视觉上的延伸感。

增加空间延伸感的灰镜
参考价格 135~185 元 / ㎡

颜色跳跃的时尚脚凳
参考价格 550~1150 元 / 只

小户型装修课堂

镜面与石材搭配时的注意事项

小户型家居常用镜面拓展空间，镜面装饰虽然可以让空间看起来更加开阔，但大面积的使用，会让人产生头晕眼花等不适感，因此可以选择将镜面材质与石材搭配使用，镜面材质在一定程度上缓和了石材的笨重感，为室内增加一些通透效果，而石材稳重的质感则很好地压制住了镜面过于轻盈的视感。

营造空间质感的灰色涂料
参考价格 20~35 元 / ㎡

床头趣味装饰吊灯
参考价格 150~260 元 / 盏

棱角鲜明的烤漆床头柜
参考价格 650~1350 元 / 张

现代感较强的投影时钟
参考价格 350~750 元 / 只
投影钟在墙面上的放大影像足以让任何人看清,
因此对于视力不佳的人,无需寻找眼镜或开灯细
看时间。此外投影时钟散发出的光线,可以在晚
间作为照明使用,从而使行动更加方便

投影时钟的趣味性与现代感

卧室背景墙采用了灰色的涂料,与地板形成了色彩上的呼应。
卧室空间比较紧凑,搭配优雅的紫色床品进行点缀,让空间
更具温馨色彩。取消主灯的设计增加空间的层高,并且加强
了空间的整体感。床头背景墙采用投影时钟作为装饰,并以
趣味吊灯作为床头灯,凸显了现代风格空间的趣味与现代感。

个性突出的粉色条纹烤漆套装门
参考价格 1500~3200 元 / 套

方便打理的仿石材装饰板
参考价格 260~580 元 / ㎡
与天然石材装饰板相比，仿石材装饰板的价格以
及其维护价格都更加低廉。并且仿石材装饰板的
重量也更轻，因此其安装难度也会更低一些

现代风 loft 公寓

　　本案属于现代简约风格的挑高公寓。楼梯以及楼板侧面的镜面反射，拓展了空间视觉感。沙发背景的菱形镜面，让整体空间在层层递进的同时，更具通透感。在进门处用隔层的方式设计了一个卧室的空间面积，让家居的格局更富有设计感，也因此为空间带来了别样的现代时尚氛围。背景墙马赛克与白色小砖的相互对称与呼应，加以镜面的折射，让空间显得更加协调统一。富有艺术感的饰品也是本案设计的一大亮点，在灯光的衬托下，极富质感。

建筑面积　70m²
设计公司　赫柏软配设计机构
设计师　刘泊言设计团队

凸显质感的装饰小砖
参考价格 180~320 元 / ㎡

呼应空间格调的茶几
参考价格 1500~3500 元 / 张

塑造空间线条感的地毯
参考价格 2500~4500 元 / 张

适合层高较高的空间吊灯
参考价格 3500~6800 元 / 盏

具有跳跃色彩的艺术装饰画
参考价格 680~1200 元 / 幅
抽象派的装饰画往往具有较为强烈的情感表达能力，
而且极具强烈的视觉感。因此不仅可以轻轻松松地
成为空间里的装饰亮点，而且还能为家居空间增添
与众不同的艺术气场

客厅背景分别采用了白色小砖的错缝铺贴，与
沙发背景的拼花马赛克以及菱形镜面，形成了
对子视觉上的稳定感。中间菱形镜面的反射，
增强了客厅空间的画面感以及时尚品位。沙发
背景墙中间采用了抽象装饰，并与对面的抽象
画形成了遥相呼应的空间关系。装饰画里的色
彩与空间色彩之间的关联，增加了整体空间的
灵动性。

◄

亮面马赛克的运用突出卧室背景

卧室的背景墙采用了亮面马赛克的铺贴，再搭配
抽象装饰画的点缀，艳丽的色彩装点让卧室空间
显得更有现代时尚气息。同时巧妙地与客厅空间
里的装饰画斜相呼应。利用半高的护栏划分卧室
空间，在满足采光通风的同时，更具通透感。地
毯花纹搭配一抹咖啡色的床品，凸显了卧室空间
的舒适温馨。

 小户型装修课堂

镜面背景墙的设计技巧

　　在小户型的客厅采用镜面做背景墙，不仅有延伸空间的作用，还能给居室带来强烈的现代感，此外还有增强采光的作用。如果觉得直接用镜面作为背景墙会觉得单调，则可以将镜面设计成菱形等形状，或在设计镜面的同时搭配其他如装饰画、挂件等装饰元素，丰富背景墙的装饰层次。

拉升卫生间空间感的车边镜
参考价格 185~260 元／㎡
由于车边镜其镜面周围按照一定的宽度车削掉了适当坡度的斜边，因此不仅看起来具有立体或套框的感觉，而且这样的镜面边缘处理也不容易伤到人，从而增加了镜面装饰的安全性

由于本案是以隔层的形式设计，因此卫生间的层高相对来说低了不少，加上采光条件也不尽如人意。设计师采用了对比感较为强烈的马赛克做墙面装饰，再搭配米色的地砖，瞬间让小空间的气氛活跃了起来。卫生间的顶面运用了镜面的设计，在缓解了空间压抑感的同时，让视觉在小空间里得到了延伸。此外，灯光借助镜面的反射，还为卫生间增加了采光。

锦致小居

　　本案属于现代风格的酒店式公寓。精心合理的布局安排，将小空间的功能发挥出了最大化的利用率。采用灰色墙纸结合原木色的地板，再加以部分烤漆材质进行点缀，让空间在饱含韵味的同时，不乏现代气息。在家居格局的设计上，采用了虚分割的方式，让空间呈现出分合交错的美感。厨房与客厅电视背景墙的连接，不仅满足了功能区的合理过渡，而且让空间的完整感更为强烈。简约风格秉承小空间大智慧的设计理念，在充分满足居住需求的同时，还彰显出了家居设计的品质。

建筑面积　35m²
设 计 师　梁锦驹

点亮空间质感的烤漆橱门
参考价格 350~650元/㎡

⚠️ 厨房与客厅背景的对话

把厨房的灰镜背景延伸至客厅连接电视背景，打造出了整体空间的块面协调感。储藏柜烤漆门板的运用，在呼应背景的同时，更突出了空间的装饰品质。采用木纹层板做电视柜，让空间呈现冷暖对比的同时，更有灵动性与层次感。

呈现空间色彩对比鲜明的抱枕
参考价格 120~240元/只

让灰镜与床头背景过度的装饰画
参考价格 650~1350 元 / 副

渲染空间氛围的装饰壁纸
参考价格 85~125 元 / m²

 小户型装修课堂

开放式隔断的作用

开间的空间虽然较小，但其基本的居住功能却都很完备，因此"麻雀虽小五脏俱全"是对开间户型最好的诠释。合理的功能分区能让开间达到更加方便舒适的居住效果。要划分空间就免不了设置隔断，设计一些开放型的隔断有助于视觉的延伸，让开间更显宽大，如利用地台架高睡眠平台，与其他空间形成错层差异，形成不同标高平面的使用空间，同时还可以充分地利用地台的下部空间用于收纳。

◀

灯光点缀开放式储物柜 彰显空间质感

卧室区域的烤漆储物柜，采用了封闭与开放的组合方式设计。不仅充分地满足了空间的收纳需求，而且不乏装饰作用。烤漆玻璃在户外光线以及内藏 LED 灯光的映射下，尽显现代气质。层次突出的开放式储物架，则彰显了空间的质感与品位。

营造空间质感的落地玻璃花瓶
参考价格 450~860 元 / 只
落地花瓶高度的选择要结合实际摆放的位置来定，一般将其高度控制在背景墙高度的 1/2~1/3，这样产生的视觉效果会更为舒适

小户型装修课堂

玄关鞋柜的设计技巧

在进门玄关处添置鞋柜不仅可以用于放置鞋子，而且可以收纳一些不太常用的生活用品，分担其他房间的收纳压力。此外，鞋柜的台面还可以用来摆放一些工艺品，将玄关空间装点得更有艺术气息。

既有质感有能满足功能需求的镜柜
参考价格 380~680 元 / ㎡
在小户型的卫生间墙壁设置一个镜柜，不仅可以增强收纳能力，还能在视觉上扩大卫生间的面积。由于镜柜需要挂靠在墙面上，因此在施工时要考虑到墙体的承重能力

入墙式移门扩容了卫生间的空间

对于面积较小的卫生间来说，采用移门的方式是比较好的设计，可以很好的节约空间。台盆上方的镜柜设置，增添了卫生间的收纳空间。而且镜面的反射拓展了小空间的视觉延伸。马桶设置在最里面，充分地考虑了卫生间的私密性。长条台面的延伸与烤漆层板柜体的呼应，凸显出了空间的线条感。暖黄烤漆柜体与哑光砖的运用，在灯光的映衬下，显得格外温馨舒适。

使空间更整洁且有质感的浴室托盘
参考价格 150~380 元 / 只

具有防滑作用的哑光长条地砖
参考价格 240~480 元 / ㎡

轻奢质感

在空间中掺杂几分奢华元素，是现代简约风格常用的设计手法。本案没有色彩斑斓的装饰以及点缀，用传统的黑白色彩呈现出了空间的对比。简洁的色调以及线条打造了空间的层次感，并凸显出了空间的张力与沉稳。通过部分镜面与木饰面的冷暖对比，使空间具有时尚氛围的同时，又不缺乏家的温馨气息。欧式元素的白色餐椅结合水晶吊灯的点缀，透过镜子的折射以及光影的映射，彰显出了空间的设计品质。

建筑面积　92m²
设计公司　林洛炜设计
设 计 师　黄良任 陈玉姬 王晶

在室内的空间中，挑高的设计往往能带给人不一样的空间感。加以镜面折射以及玻璃的运用，在视觉上大大地增加了空间的层次与通透性。采用黑色的深浅对比，为空间带来了强烈的现代感。背景墙的壁饰采用了层层叠起的排布方式，展现着对生活的热爱与追求。

呈现奢华气质的欧式烛台
参考价格 350~550 元 / 盏
欧式风格的烛台摆件，不仅造型简约而精致，而且还运用了做旧的设计手法，有着神秘而浪漫的装饰效果，是营造家居气氛的点睛之笔

楼梯空间灰镜背景增加空间层次感

楼梯踏步采用了米黄大理石做基材，凸显出了楼梯的质感。墙面结合木饰面与灰镜进行冷暖对比，让整体空间更具现代简约风格的色彩，并且让空间感得到了延伸。这样的设计形式摒弃了复杂的造型，达到干净明快又通透清爽的视觉效果。

妆点墙面的趣味壁饰
参考价格 550~850 元 / 组

营造温馨空间不缺品位的米黄大理石台阶
参考价格 450~750 元 / ㎡
大理石台阶在铺贴前应在图样上进行设计规划，并对石材的颜色、纹理、几何尺寸、表面平整度等进行严格的挑选，然后按照图样要求进行预铺，确保将铺贴误差降到最低

增加空间气质的雕塑艺术品
参考价格 850~1250 元 / 个

小户型装修课堂

钢化玻璃餐桌对小餐厅的作用

　　钢化玻璃餐桌在造型上比传统木制餐桌更加大胆前卫，而且功能也更趋于实用，通透的玻璃质感，能让用餐空间显得更为透亮，从而也缓解了小空间的压抑感。此外，钢化玻璃餐桌还有光泽度高、易清洗、耐腐蚀、耐湿热、防霉菌、防火等优点，而且不含甲醛等对人体有害的挥发物质。

既有时尚感又能让空间更通透的钢化玻璃栏杆
参考价格 380~780 元 / 延米

用于收口的黑钛不锈钢边框
参考价格 240~360 元 /m

▲ 落地玻璃营造卧室通透性

由于卧室没有窗户，因此采用了落地钢化玻璃作为隔墙，充分地利用了自然采光增加卧室的光线。使用钢化玻璃作为隔墙时，应注意其厚度一般在 10~12mm 为宜。设计师利用墙壁的厚度打造了一个小装饰壁龛，再用灰镜作为壁龛背景呼应了整体空间。此外，黑钛不锈钢的包边凸显出了空间的精致品位。

可用于原始顶面营造空间质感的明装射灯
参考价格 150~230 元 / 只

凸显时尚气息的床头软包背景墙
参考价格 480~780 元 / ㎡
如果软包是直接装设于建筑墙体表面，为防止墙体的潮气使其基面板底翘曲变形，应在基层做抹灰和防潮处理。通常的做法是采用 1:3 的水泥砂浆抹灰做至 20mm 厚，然后刷涂冷底子油，并做一毡二油的防潮层

流动的弧线

　　本案整体空间以白色为基调，显得干净而简洁，并散发着浓郁的现代气息。圆弧的墙体以及顶面造型，在空间里延伸了视觉。在色调上，以高光白色烤漆块面为主导，加以树瘤木饰面、部分镜面以及硬包的点缀，与地毯上的星星点点形成了巧妙的呼应。金色的树瘤木饰面与白色的烤漆，在空间里形成了强烈的色彩对比，并且加强了空间的质感。此外，曲线的切割面丰富了家居生活的想象空间，并营造出了放松舒适的居住氛围。

建筑面积　90m²
设计公司　盘石室内设计
设 计 师　吴文粒 陆伟英

凸显现代感的白色烤漆护墙板
参考价格 550~950 元 / ㎡

低调而富有张力的高光抛釉地砖
参考价格 450~860 元 / ㎡

小户型装修课堂

利用玄关镜扩展小区域空间

　　玄关是门口和客厅之间的缓冲地带，也是进出门时的必经之地。在玄关处设置一面镜子，不仅可以在出门时用于整理仪容，还能在视觉上扩展玄关处的空间。此外，由于玄关空间的光线一般不够充足，因此可以利用镜面折射光线，增加玄关区域的亮度。

个性独特具有想象力的树瘤木饰面
参考价格 350~680 元 / ㎡
树瘤木饰面具有独特的天然图案，而且图纹清晰、
材质精炼，其颜色或清淡素朴或浓烈现代，因此
能为家居空间带来夺目鲜艳的装饰效果

满足日常生活需要的移动边几
参考价格 850~1580 元

色彩鲜明且呼应整体空间的圆形地毯
参考价格 1200~4500元/张

▲ 沙发背景壁饰成为空间亮点

　　沙发背景墙采用了大面积的白色烤漆板作为主体，带给人一种视觉拓展的感觉。加以曲线木饰面作为沙发背景墙的点缀，与电视背
景墙以及圆弧地毯形成了多方位的呼应，并在空间里制造出了鲜明的色彩对比。沙发背景墙上玫瑰金的壁饰，在皎洁白墙的映衬下，
成了空间中的视觉亮点。在呼应色彩的同时，与硬装材质产生了奇妙的碰撞，从而让空间画面显得更加丰富。

◄ 客厅沙发与趣味餐桌的共同结合

　　把客厅沙发延伸到餐厅作为餐椅使用，
这样的设计在平常中并不多见，除了
能够延伸整体空间的视觉感受，而且
在树瘤木饰面的衬托下，彰显出了空
间的质感与层次。转角采用圆角白色
的处理，让空间在视觉上得以无限地
延伸。个性而富有趣味的餐椅，在吊
灯的呼应下显得格外活跃，从而增加
了空间里的时尚氛围。

塑造背景质感的硬包
参考价格 350~680 元 / ㎡

时尚创意的魔法帽吊灯
参考价格 350~680 元 / 盏

⚠ 对称关系的表达方式

卧室背景墙采用硬包嵌装饰画的形式，加以树瘤木饰面的点缀，再用灰镜把两者衔接在一起。不仅呼应了整体空间的装饰感，同时还突出了卧室背景墙的质感与层次。两侧个性张扬的吊灯及台灯在空间里显得极为夺目，并以独特的对称方式，在空间里形成了有机对话。

彰显个性让人遐想的现代台灯
参考价格 450~850 元 / 盏

由于台灯的多样性，所以在不同的场合，选用的台灯在大小尺寸、风格以及材质上也会有所区别。在现代简约风格中，选择简约而富有设计感的台灯，能够带来令人耳目一新的装饰效果

[山城记忆

　　本案是一套 48 ㎡ 的老式公寓，设计师在改造的同时，充分合理地利用了每一寸面积。将原户型的阳台空间外扩设计，在满足卧室使用面积的同时，还增加了衣帽间的功能，从而大大地提高了卧室空间的收纳效率。合理的布局与灵活的运用，把客厅与吧台以及书房融入一个功能区里，从而最大化地提升了空间的利用率。在色彩搭配上，以米灰色为基调，加以部分咖啡色系的结合，让整体空间更具视觉穿透力的同时，还拉伸了空间的视感。

建筑面积　48m²
设计公司　上海季洛设计
设 计 师　李戈

增强空间感的棉麻条纹罗马帘
参考价格 360~680 元 / ㎡

耐脏且不缺温馨感的哑光灰色地砖
参考价格 135~350 元 / ㎡
由于哑光地砖的表面釉料不同，导致其光线反射
度也比较小，因此将其作为家居室内的地面用材，
不需要担心它会制造光污染。此外，哑光砖还是
非常方便保养的材料，其表面特有的质感即使被
刮花也不会影响装饰效果

简洁大方且节约空间的吧台
参考价格 650~1250 元 / ㎡

墙纸的使用增强电视背景墙的个性

电视背景墙由于是一整面不对称，且延伸较长的墙
面，因此采用了深色木饰面围边作为装饰，使其与
沙发对齐居中。围边内采用了墙纸进行点缀，更突
出电视背景的主体，并且让视觉在空间里有了落脚
点。加以灯光的渲染，让整体空间的温馨与舒适感
更加突出。

简约装点时尚挂钟
参考价格 120~260 元 / 只

 小户型装修课堂

简约电视柜的设计技巧

　　电视柜是客厅里除了沙发之外最为重要的组成部分，小户型的客厅面积不大，因此适合搭配体量小巧、造型简洁的电视柜。
由于小户型客厅的物品较多，因此在选择电视柜时应考虑到收纳功能，可以将电视柜设计成半开放式的结构，封闭的抽屉可
以用来收纳小物品，开放区域则可以用来展示，这样的设计不仅实用，还非常具有装饰性，而且也提升了客厅空间的整体格调。

复古风具有较强点缀性的吧台吊灯
参考价格 280~750 元 / 盏

装饰性与实用性共存的模压板百叶门
参考价格 320~650 元 / ㎡

具有装饰性又不缺私密感的钛合金磨砂玻璃移门
参考价格 350~850 元 / ㎡

绿植实木装饰架
参考价格 150~450 元 / 只
装饰架的搭配为绿植装饰元素带来了焕然一新的
点睛效果。实木装饰架采用了圆形的设计,于简
单素朴中带着隐约的时尚感

▲ 卫生间采用磨砂玻璃门增加厨房的采光
由于进门厨房的采光不足,因此在卫生间设计了磨砂玻璃移
门的形式,再加以结合白色的橱柜门板,在一定程度上增加
了厨房的自然采光。深色的橱柜台面搭配深色格子形状的移
门,让整体空间更具线条感与层次感。

△ 外扩阳台增加卧室空间功能

通过外扩卧室的阳台，增加了卧室的空间及使用功能。休闲折叠沙发的摆放，在一定程度上满足了日常偶住的功能需求。深色的家具搭配粉色的床品以及跳跃色的窗帘，让整体空间在色彩上对比更加鲜明，同时也让睡眠空间更具温馨感。

雅韵家居

　　本案空间以米灰色为主，散发着淡淡的雅韵情愫。纹理鲜明的石材与自然纹的地板形成了呼应，给空间带来了一种舒适而富有品位的自然气息。在设计格局上，开放式设计的厨房直接与客餐厅相连接，大大地增强了空间的通透性与关联性。空间里简洁有力的现代线条，不仅彰显出了空间的视觉效果，而且营造出家居环境的时尚优雅格调。

建筑面积　75m²
设计公司　上海天鼓装饰设计

🔍 小户型装修课堂

利用吊顶增加空间层次

　　小户型的层高一般都不太理想，但如果不设吊顶，顶面空间就会显得十分单调并且缺失美感。因此在小户型家居中可以设计一些造型简单的吊顶增加顶面空间的装饰感。小户型的吊顶可以将四周做厚些，而中间则做薄一点，利用两者之间的差异在空间里形成立体鲜明的层次，从而减轻了小空间带来的压抑感觉。

优雅且纹理细腻的灰色大理石地面
参考价格 450~750 元 / ㎡

具有层次感的成品烤漆隔板
参考价格 650~1280 元 /m
隔板置物架的使用，在很大程度上增添了空间的灵动性和温馨感，既具有实用性又兼具美观装饰效果。烤漆的表面不仅富有质感，而且方便日后的清洁打理

▶

高光烤漆层板加强空间整体感与层次感

书房背景墙采用了素雅的木饰面搭配原木色的书桌，与木地板形成了全方位的呼应。整体米灰色的格调，加以深灰色的椅子作为点缀，呈现出了空间的对比性。书桌靠墙的设计，突出了客厅与书房的空间感。白色高光烤漆板的运用，不仅保证了书房的整体感，而且让空间富有层次感。

凸显个性的木装饰鹿头
参考价格 680~1350 元 / 只

舒适与实用的飘窗软垫
参考价格 450~650 元 / ㎡
飘窗软垫应选与墙壁、沙发、床具色调一致的面料。再配以不同颜色的抱枕，
让飘窗空间的色彩更为丰富，从而完美地调和了简约空间的色彩律动

儿童房凸显活泼的飞机吊灯
参考价格 650~1250 元 / 盏

具有艺术装饰性的吊灯
参考价格 1250~2200 元 / 盏

提升空间现代感的金属餐椅
参考价格 235~500 元 / 张
金属餐椅能为餐厅空间带来简约并富有现代气
质的观感。由于金属材质有容易被腐蚀及生锈的
缺点，因此可以采用喷漆或者电镀来减轻或者避
免此类现象的发生。此外，在日常生活中如果餐
椅上沾染了腐蚀性的液体，也要及时进行擦除

灯槽装饰拉手让厨房空间更时尚
橱柜采用了灰色细腻的木纹门板，再搭配
灰色的大理石地面，凸显出了厨房空间的
品质。开放式厨房的设计，让整体的家居
空间更具通透感。此外在橱柜的拉手上方
利用了 LED 灯光的装饰，让厨房空间显得
现代而淡致。

时尚感十足的卫生洗漱用品
参考价格 950~1350 元 / 套

黑钛不锈钢包边塑造时尚台面
参考价格 350~650 元 /m

◁

台面圆角增加时尚感凸显功能性

由于洗手台台面略凸出于卧室空间，因此在设计上采用
了圆弧的边角处理，充分地加强了安全性。洗手台下的
层板除了与台面形成呼应外，还增加了洗手台下的空间
利用率。黑钛不锈钢与不锈钢框的镜面，在爵士白大理
石背景的衬托下，显得大气且富有现代感。

低调的醇美

　　本案是一套南北朝向的常规三房公寓，在户型的改造上没有太多的改动。设计师在材质的运用与搭配上，显得娴熟且富有品位。地面采用了石材与木地板斜铺的方式，并将其延伸至墙面，让地面空间显得富有设计感。局部搭配的镜面与不锈钢线条，以点、线、面的形式营造出了空间的层次感。色彩和谐统一的软装饰品，让空间呈现出了一气呵成的设计美感。精美的线条勾勒着整体空间的画面，在灯光的衬托下，呈现出了奢华优雅的空间品质。

建筑面积 93m²
设计公司 上海天鼓装饰设计
设 计 师 杨俊 黄婷婷

▲ 斜铺地板塑造不一样的空间感受

地板采用了斜铺的形式，显得新颖而独特。客厅背景墙的爵士白大理石，与地面小

边条和不锈钢线条形成了呼应，也因此体现出了不一样的空间层次感。延伸的空间感，

让整个客厅看起来更为沉稳、大气，且不乏现代气息。

彰显个性张力的爵士白大理石背景
参考价格 360~750 元 / ㎡

营造温馨画面的点缀花瓶
参考价格 350~850 元 / 只

◀

富有艺术品位的餐边柜彰显空间个性

极富创意且颜色跳跃的餐椅，搭配晶莹剔透的水晶吊灯，

在装饰花瓶及镜面的映衬下，显得十分新颖精美，并且

增加了空间的层次感。个性十足的餐边柜与餐椅形成了

强烈对比，为用餐区打造出了别样的视觉感受。

奢华感与质感并济的水晶吊灯
参考价格 3600~6500元/盏
水晶吊灯需要定期进行清洁，才能保持其亮丽如新的照明及装饰效果。由于大型水晶吊灯的清洁和保养往往需高处作业，因此在操作过程中须十分注意安全

精致而富有气质的玫瑰金不锈钢门套
参考价格 350~550元/m

凸显层次的床头装饰艺术挂件
参考价格 1050~1800元/件

 ## 小户型装修课堂

利用灯饰拓展空间的设计要点

在现代家居装饰中，灯饰占了极其重要的地位，巧妙地利用灯光装饰不仅能增加空间的美感，而且还有着扩展空间的作用。在小空间里选择使用嵌入式射灯不仅能节省设置灯具的空间，而且射灯发散状的灯光效果，从视觉上放大了空间，而且实用性也很强。例如在装饰品上设置射灯打亮饰品，可以在空间里制造出夺目的装饰亮点。小小的射灯，却能绽放出巧夺天工般的装饰效果。

趣味地毯点缀儿童房的活泼氛围

原木地板与原木书桌，在空间里形成了材质及颜色上的双重呼应。地面采用了趣味十足的地毯进行点缀，充分地满足了小朋友在玩耍时的需求。在儿童房空间中，跳跃色彩的运用极为重要，比如书桌上颜色艳丽的台灯，让儿童房空间显得活泼而富有朝气。

趣味装饰的半圆弧书架
参考价格 2800~5400 元 / 套

凸显时尚气息的入墙式龙头
参考价格 3500~6500 元 / 套

别致的不锈钢踢脚线
参考价格 25~45 元 / 延米
不锈钢踢脚线可以更好地使墙体和地面之间结合牢固，从而减少墙体变形，以及避免外力碰撞造成破坏。另外，不锈钢踢脚线也比较容易擦洗，如果拖地溅上脏水，擦洗时非常方便

蜗居也精彩

　　本案空间以灰色系为主，结合部分白色作为搭配对比，增加了空间里的温馨气息。在紧凑的空间里，以简洁的线条以及多变有序手法，划分出了家居的各个功能空间。在空间的设计手法上，以玻璃作为客厅与书房之间的隔断，再配以方格地毯与背景墙的呼应，使空间显得灵活多变且富有层次感。此外，简洁硬朗的线条凸显出了现代简约空间的精致与细巧。

建筑面积　46m²
设计公司　点石亚洲设计

拓宽视觉与营造质感的装饰灰镜
参考价格 135~185 元 / m²

 小户型装修课堂

凸显品位的皮革硬包背景
参考价格 350~680 元 / m²
质量好的皮革硬包，除了有真皮皮革本身的气味外，一般不会有其他异味。如果能闻到刺鼻的异味，则可能是制革过程中处理不好，或者由于某种化工原料使用超标。因此在购买选择时应进行仔细的鉴别

储物架对客厅空间的作用

　　客厅在整个家居中占有较大的空间比重，也是日常活动较多的场所，所以合理的收纳是必不可少的。储物架轻巧方便，安装拆卸简单，使用便捷，对于物品的整理归纳有很好的作用。而且不占空间，同时也给客厅空间增添了更多装饰性的元素。

几何块面彰显客厅立体感

客厅采用了立体几何块面来装饰，虽造型大小各异但错落有序。沙发的格子搭配书架，再结合地毯的点缀，不仅产生了鲜明的对比，而且加强了空间的视觉感以及立体感。两侧对称的灰镜，让沙发背景墙显得更有平衡感。此外，简洁的不锈钢线条收边，为家居空间带来优雅的艺术气息。

增加生活品位的点缀性花瓶
参考价格 120~350 元 / 只

有着通透性的艺术玻璃背景
参考价格 480~1050 元 / ㎡

开放式衣柜拉伸卧室的空间视觉

卧室背景墙采用了质感强烈的墙纸，与墙上的艺
术玻璃装饰形成了很好呼应。床头灯采用了吊灯
的形式，增加了卧室空间的灵动性。卧室衣柜的
开放式设计，再搭配条纹的地毯，延伸了卧室空
间的视感，并与背景墙形成了深浅的对比，让整
体空间的视觉显得更为丰富。

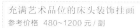

充满艺术品位的床头装饰挂画
参考价格 480~1200 元 / 副

具有趣味性的床头装饰吊灯
参考价格 350~750 元 / 只

营造质感的灰色木纹门板
参考价格 480~780 元 / m²

仿石材砖打造别具一格的卫生间

粗犷纹理的墙地砖，与呼应空间纹理的百叶窗完美
地结合在一起，并在一定程度上增加了空间的层次
感，再结合镜面的反射，让整体空间更具延伸性。
加以灯光的烘托，营造出了让人耳目一新的感觉，
并且彰显出了空间的自然与优雅。

增加卫生间私密性的铝百叶窗帘
参考价格 120~230 元 / m²
铝质百叶帘不会因长时间的阳光照射而造成褪色。此外铝制
叶片能反射大部分阳光热量，有助于提高空调的制冷效果，
从而达到节能的目的

纹理粗犷且充分凸显自然魅力的仿大理石砖
参考价格 450~860 元 / m²

圆舞曲

　　本案客餐厅采用圆弧的顶面与圆弧的地面地毯，显得对称且富有设计感。椭圆茶几以及圆弧凳子的搭配，使空间在充满个性色彩的同时，倍显张力。局部调色的点缀，在灯光的烘托下，显得温馨而优雅，营造出了不一样的视觉效果。本案空间的格局设计和装饰材质都充满了现代时尚的气息，并且展现出了别样的空间魅力。

建筑面积　75m²
设计公司　优加观念设计

塑造线条感以及装饰性较强的木方
参考价格 160~280 元 /m

简洁而质感十足的椭圆高光茶几
参考价格 2500~3800 元 / 张

◁ 充满视觉冲击力的沙发背景墙

独特的格局设计将客厅与餐厅归纳到了一个圆形的
空间内，显得简约而富有设计感。运用木方的长短
规则，结合地毯的对比，凸显出了圆形空间的延续
性和视觉冲击力。简约的沙发与顶面圆弧形成了呼
应，让整体空间充满活力且不乏设计美感。

增加空间立体感的装饰木饰面
参考价格 260~680 元 / ㎡

增强视觉冲击力的装饰地毯
参考价格 380~750 元 / ㎡

拉伸空间感的深色复合地板
参考价格 350~780 元 / ㎡

▲ 橙色床单营造空间活力

　　主卧的背景延续了客厅条纹木方的运用，再加以茶镜的设计，让整体空间更显层次分明。木饰面的深色与浅色的木方拼合在一起，再加以橙色床品的点缀，在色彩上形成了更为强烈的对比，从而增加卧室空间的活力。

具有空间拓展视野的茶镜
参考价格 95~165 元 / ㎡
在铺贴茶镜时，为了防止茶镜在玻璃胶凝固前发生移位，可以采用胶带等辅助方式进行固定位置。等玻璃胶完全干透后，再把胶带撕下来即可

富有趣味性的装饰落地灯
参考价格 850~2300 元 / 盏

增加空间层次感的双拼窗帘
参考价格 180~480 元 / ㎡
将窗帘设计成双拼的形式，不仅能够让简约风格的空间色彩显得更加丰富，而且还能加强家居空间的层次感。窗帘的双拼色彩可以取材于房间内的软装颜色

书桌背景墙运用镜面拓展空间

书桌运用了呼应整体空间的木色为基色，显得自然而优雅。背景采用了镜面进行点缀，不仅拓展了书桌的空间视觉，更凸显出了现代风格的精致与时尚，同时也彰显出了书房空间和谐雅致的气质。

小户型装修课堂

木格栅隔断的运用技巧

隔断不一定要用砖墙、玻璃或水泥墙等材质，如果居住人数不多、噪声较少，又偏爱木头温润的质地，选择木格栅作为小户型的隔断是再合适不过的。以格栅为隔断能在创造独立空间的同时仍保有通透性，在扩大空间视觉效果的同时也能保留私密感。如果觉得木系元素太多会让空间显得单调，则可以尝试加入符合空间风格的装饰灯具，营造充足的光线以打破空间的单调感。

海的歌声

本案空间的布局及动线层次都比较分明。由于靠着海边，设计师在营造空间氛围的时候，紧扣着海的主题展开。从客厅到卧室以及卫生间，无处不体现着海洋的味道。材质的运用以及饰品的点缀，以精心的细节搭配，让人耳目一新。以蓝色系作为整个空间的色彩主导，让家居环境更具浪漫气息。温馨的装饰设计，在体现品位与时尚的同时，带给人一种放松舒适的居住享受。

建筑面积 76m²
设计公司 钟行建

营造蓝色海洋客厅地毯
参考价格 2400~4800 元 / 张

视线开阔的喷绘墙画
参考价格 460~1200 元 / ㎡

与背景相结合的点缀性抱枕
参考价格 150~350 元 / 只

电视背景墙运用了对比鲜明的硬包做拼接处理，并与纹理
粗犷的石材地板砖相互映衬，从而让背景墙显得更富有层
次感。再加以结合实木线条收边、摆放装饰架以及饰品的
呼应与点缀，让本案空间的装饰品位显得简约而高雅。

提升线条感的背景收边线条
参考价格 80~220 元/m

线条感丰富的饰品装饰架
参考价格 800~2600 元/只

⚠ 统一协调的色彩营造卧室浪漫氛围

卧室的顶面采用了大圆角的造型塑造，与地面线条柔软的地毯形成了呼应。视野开阔的蓝色背景墙，增加了卧室空间的层次感。线条的运用恰到好处地营造出了空间的优美格局。色彩的统一协调，让卧室弥漫着浪漫的氛围。

富有简约美感的床头小吊灯
参考价格 300~860 元 / 盏
床头吊灯不仅解放了床头柜面上的空间，还能提升卧室空间的整体格调。需要注意的是，床头吊灯的造型应以简约风格为主，不仅不会为卧室空间带来视觉压力，还能带来简约而精美的装饰效果

局部木饰面的点缀呼应了木纹地砖

餐厅背景墙采用了局部木饰面点缀，不仅与地面材质形成了呼应，还丰富了整体空间的冷暖对比。浅色绒布餐椅与深色餐桌及木饰面之间的视觉冲突，增加了餐厅空间的层次感。木饰面上的小层板则起到画龙点睛的作用，让背景墙空间显得更有活力。

错落有致的意大利木纹砖
参考价格 350~850 元 / ㎡
木纹砖铺好后，在水泥还未完全干透时，便可用肉眼观察或用水平尺进行测量，如检查铺贴的平整度、砖缝的直线度等，如发现问题应按照标准对木纹砖进行修整

镜面给卫生间带来视觉拓展

在卫生间采用带灯光的镜子，不仅增强了实用性，而且还能营造出温暖的空间氛围。凸字形的台盆设计，充分地节约了空间，而且丝毫不会影响进淋浴房的动线。木纹哑光地砖不仅可以起到很好的防滑作用，而且呼应了整体空间铺贴的木纹砖，让空间显得更为完整统一。

简约时尚的自发光镜面
参考价格 450~1200 元 / ㎡

小户型装修课堂

巧用玻璃增加空间灵动性

　　玻璃是日常生活中随处可见的材质，其简单的色彩，半透明的质感，让人感觉十分舒适。将玻璃设计成门运用在厨房、卫浴间、阳台等空间，不仅可以提升小户型的采光，而且能产生放大空间的视觉效果，同时也增加了小户型家居环境的灵动性。

温暖时光

　　本案空间没有过多烦琐的装饰元素，以简洁干练的设计手法以及大块面小点缀的方式来装点空间。餐厅、电视背景墙以及客厅门套都使用了灰镜，衬托出了整体空间的质感与层次。硬包以及白影木饰面的点缀，加强了空间的质感。装饰画、抱枕等色彩元素的跳跃性应用，使整体空间的画面感显得丰富且不乏温馨气息。

建筑面积　80m²
设计公司　星翰装饰设计
设计师　郭斌　李佳泰

客厅沙发背景墙采用了长方格的硬包装饰，并与地面的格子地毯形成了呼应。令人眼前一亮的装饰挂画与黄色的抱枕，让空间显得格外温馨，同时也大大地提升了空间的层次感。

实用且节约空间的内嵌式沙发边几
参考价格 1500~3500 元 / 张

▼ 点线面组合的电视背景墙

电视背景墙以白影木饰面为主体，再采用经典的点线面组合形式，带来完整如一的视感。灰镜的反射使空间在视觉上形成了线中有面，面中有线的奇妙感受。电视柜上的装饰品，让整个电视背景墙显得雅致清新。

点缀性较强雅而不庸俗的灰镜
参考价格 135~350 元 / ㎡

每一个面看都有不一样幻影感受的
白影木饰面
参考价格 260~380 元 / ㎡
白影木饰面板可以根据板面纹理的清晰度和排布来区分其品质的优劣。纹理清晰、色泽协调的为优，色泽不协调，甚至有变色、发黑等现象均是不合格的表现

在空间中凸显舒适性的休闲椅
参考价格 2100~4500 元 / 把

自带时尚气息的落地灯
参考价格 860~2400 元 / 盏
落地灯在清洁维护时要先断开电源，同时要注意不能随便更
换灯饰的部件。在清洁维护结束后，应按原样将落地灯装好，
不要漏装、错装灯饰的零部件，以免造成危险

塑造层次感以及立体感较强的绒布硬包背景
参考价格 350~780 元 / m²

台灯在空间里点缀的趣味性
参考价格 380~850 元 / 盏

书房采用了木纹突出的深色地板，与浅色的家具形成了对比，从而凸显出了书房空间的个性。由于书房空间较小，因此使用层板代替了书柜的功能，一方面在视觉上拓展了书房的空间，同时也增加了书房的层次感。层板上后置的暖色灯光，不仅增加了书房空间的照度，同时更烘托出了书房空间的温馨气息。

节约空间且不缺时尚感的半挂式台上盆
参考价格 1200~5500 元／只

 小户型装修课堂

小户型厨房的极简式设计理念

　　小户型的空间设计，需秉承一切从简的设计理念，在厨房的装修设计上更是如此。小户型厨房里的橱柜不能过大，以免减少人的活动空间，给烹饪过程带来不便。可以选择紧凑型的橱柜，并且根据需要进行组合设计，从而达到节省空间的效果，此外还可以将橱柜部分区域设计成开放的形式，方便取放使用频率高的物品。

黑白恋歌

　　本案是由两房改造成三房的小户型空间。将阳台外扩的设计手法，不仅增大了客厅、厨房的使用面积，而且大大地提升了家居的采光。空间整体色彩以黑白为主，加以局部软装跳跃色的点缀以及灯光的烘托，显得温馨而舒适。墙面通过黑白之间的色彩对比，增强了空间里的线条感。

建筑面积　80m²
设计公司　星翰装饰设计
设 计 师　郭斌 李佳泰 谭浩 胡超 杨星 秦彦杰

增强空间层次感的客厅背景墙
参考价格 260~550 元 / ㎡

实木线条背景墙搭配黑白条纹电视柜突出空间线条感

客厅电视背景墙采用了凹凸造型的实木线条，结合电视柜的黑白效果，让客厅空间显得更有动感，并且呼应了顶面空间的层次。电视柜上软装饰品的点缀，增加了客厅空间的灵动性以及线条感。

提升对比度黑白分明的烤漆沙发边几
参考价格 2200~4500 元 / 张
边几的造型除了常见的正方形或者圆形外，还可以在这些形状的基础上做一些创新的设计。造型新颖现代的边几，能为家居空间带来时尚个性的美感

多功能房间的趣味与实用

多功能房间除了能满足日常的工作与休闲之外，还可以充当客房使用。蓝色软装饰品的点缀，不仅起到了画龙点睛的作用，而且还让空间多了一份活力。简单的色彩搭配让空间显得安静优雅，同时还不缺时尚气息。

 小户型装修课堂

巧用隐形床增加空间使用功能

由于小户型的空间较小，因此需要将房屋空间最大化利用，以满足更多的功能需求。将书房和客卧合二为一，是对书房空间的功能加以拓展。无论是书房还是客房，利用率都没有其他房间高，将两者合二为一对于小户型来说，无疑是更为经济合理的选择。在书房中设计一个隐形折叠床，在需要时展开就可以将书房变成一个临时的客卧了，而且平时收起来不会占用太多空间，灵活实用。

美观且防止碰撞的无把手烤漆橱柜
参考价格 320~850 元 / ㎡
无把手橱柜通常只在柜门的边缘留出 2cm 左右的缝隙，手指伸进去就能够开门，因此舍去了把手的设计。无把手橱柜不仅增加了厨房空间的安全性，而且统一干净的立面，非常契合现代简约风格的气质

颜色鲜艳且不缺温馨的台灯
参考价格 350~650元/盏

▲ 活泼而暖且不乏舒适感的儿童空间

　　由于儿童房的面积不大，因此在储藏柜上采用了开放架的设计，不仅增加了视觉的延伸，而且让空间的层次感得到了提升。跳色的使用契合了活泼的空间氛围，搭配深色的背景与装饰画，在灯光的烘托下，让儿童房空间显得更富趣味性。

有着较强视觉冲击力的黑白条纹壁纸
参考价格 75~160元/㎡

不影响采光且增加私密性的纱帘
参考价格 80~360 元 / 延米

◁

暗紫色软包背景彰显时尚生活气息

简洁时尚的餐厅采用了白色作为整体空间的色彩主导。卡座的设计增添了用餐时的舒适性。暗紫色的背景是空间里的视觉亮点，结合黑白相间的餐桌，在玻璃吊灯的点缀下，整体空间的层次显得极为丰富。

增加餐厅生活气息的装饰花瓶
参考价格 360~880 元 / 只

干净整洁而不缺大气的爵士白地面
参考价格 380~680 元 / ㎡

低调华美范

　　本案属于中套小三房空间，由于书房空间是后期改造而成，没有条件设置窗户，因此采用了开放式的设计，增加了书房空间的采光。在进门玄关处设置落地玻璃，增加了进门空间的通透感。在材质上，本案空间采用木饰面、硬包与墙纸相结合，并在局部点缀不锈钢线条，让家居环境更具层次感。此外，空间里软装饰品以及灯光的点缀，为家居环境带来了温馨舒适的气氛。

建筑面积　77m²
设计公司　星翰装饰设计
设计师　郭斌

进门处层次分明的玄关空间

进门处与书房之间采用了玻璃隔断，在视觉上减轻了狭小空间的拥堵感。玄关柜采用层板与换鞋凳的组合方式，增加了进门空间的层次。玄关柜与层板采用了统一颜色与质地的木饰面，从而加强了进门空间的整体感。

美观实用的换鞋凳
参考价格 850~1600 元 / 张
换鞋凳的造型尺寸需由玄关的面积来决定。如简约风格家居的玄关一般较小，因此可以搭配造型简单，尺寸较小的换鞋凳，这样可以在一定程度上减轻玄关空间的压抑感

富有视觉冲击力的装饰挂画
参考价格 380~1200 元 / 幅

灯比鲜明且增强空间感的客厅地毯
参考价格 2500~5500 元 / 张

硬包发含立体感鲜明的地毯凸显空间别致感

客厅沙发背景采用了硬包加不锈钢嵌条的组合，在
灯光的衬托下，彰显出了不一样的空间质感。钓鱼
灯取代了主灯的照明功能，再结合木饰面装饰，让
客厅空间显得更具层次感。

 小户型装修课堂

凹形吊顶的设计技巧

　　小户型空间的吊顶设计不应过于复杂。将吊顶设计成凹式造
型，可以提升小户型顶面空间的纵深感。如能搭配暗藏灯带以及
各种灯饰的灯光效果，还可以带来放大空间、营造家居氛围的效果。

▲ 书房的墙画提并空间感

由于书房面积较小，因此书桌只能靠墙摆放。采用沙滩墙画作为背景装饰，很好地拓展了书房空间的视野，同时也带来了自然清新的氛围。本案中的画面比例以及灯光搭配，都完美地诠释了书房空间的装饰品质。

与圆桌相呼应的晶莹剔透水晶吊灯
参考价格 2500~6500 元 / 盏

线条感十足且不乏质感的门套
参考价格 160~350 元 /m

餐厅与书房的通透设计

餐厅与书房虽属两个不同的区域，但半开放式的格局设计，让两个功能区呈现出了共享空间的视觉感受。圆形的水晶吊灯搭配圆桌，营造出了优雅的家居环境，同时也彰显着高雅的生活品位。

模压门板木纹的质朴营造厨房的生活气息
参考价格 1500~4800 元 / 延米

雅致大方的厨房墙面抛光砖
参考价格 180~480 元 / m²
铺贴抛光砖时，应根据实际情况需预留 1~2mm 的灰缝，
以防粘结物与墙砖胀缩系数不一致而出现脱离现象

钻石淋浴房满足淋浴需求节约卫生间面积
参考价格 800~2800 元 / m²

契合现代时尚的设计语言

本案空间以淡灰色为基调，结合茶镜、木饰面与金属等材质的运用，让整体空间的装饰搭配显得简练而温馨。在空间格局上，书房与餐厅运用了一道电动玻璃门进行划分，既增加了餐厅与书房的通透效果，还能保证书房空间的独立性。灵活的空间处理，能让家居环境更富有品质感。

建筑面积　90m²
设计公司　伊派设计
设 计 师　段文娟 郑福明

让空间质感增强且拓展视野的茶镜
参考价格 110~180 元 / ㎡

利用吊柜开辟墙面收纳空间

合理有效地将墙面空间利用起来，对于解决小户型的收纳问题有着很大的作用。在电视背景墙设置一个符合空间气质的吊柜，不仅能满足客厅空间收纳物品的需求，而且还能放置一些艺术品来增加家居环境的品质。

个性可爱的粉色心形装饰架
参考价格 350~550 元 / 只
装饰架在安装前应根据其尺寸在安装位置上画点和线，然
后再进行打孔安装。安装完成后还应检查安装的牢固程度，
并清理安装时留下的灰尘与杂质

活泼可爱的装饰壁纸
参考价格 220~450 元 / m²

定制壁画尽显空间个性

定制的壁画图案让床头背景更显生动。淡雅的绘画图
案与床品的相互搭配，让空间显得更有画面感。粉色
装饰架和蝴蝶的装点，让卧室背景充满了活泼的童
趣。点状的窗帘为狭小的卧室空间带来了浪漫活泼的
氛围。

让人眼前一亮的卧室床头吊灯
参考价格 350~850 元 / 盏

镀膜玻璃门
参考价格 550~850 元 / m²

透明的卧室衣柜更显生活品质

透明的玻璃门板增加了卧室的空间感，将玻璃作为衣
柜的门板，让卧室空间显得时尚而富有设计感。卧室
采用了大块面的装饰形式，在深色背景线条以及深色
床旗的呼应下，增强了卧室空间的视觉元素。

▲ 镜面与餐桌的完美结合

咖啡色的餐桌与墙面、顶面的茶色玻璃形成了完美的呼应。并且让餐厅空间形成了海天相接的视觉感受。圆形的装饰吊灯，让原本一抹色的空间增加了几分跳跃感。茶色玻璃在灯光的照耀下，为餐厅空间带来了璀璨闪耀的装饰感。

黑钛不锈钢门套
参考价格 150~260 元 /m
黑钛不锈钢的边缘尖锐且锋利，因此在安装过程中要注意安全。可以在安装前用玻璃胶粘贴或封边，待安装完成后再清理干净即可

▲ 全白完成打造别具一格的书房空间

不规则的斜面书架无疑是本案空间的设计亮点。点状的装饰画与书架相互呼应，增强了书房空间的视觉冲击力。利用两把黄色的椅子作为点缀，在视觉上提升了书房空间的活泼感。骆驼装饰品和时钟的饰品搭配，增强了书房整体空间的生活趣味。

黑钛不锈钢踢脚线
参考价格 15~25 元 /m

厨房挂架提升空间利用率
参考价格 50~200 元 / 个

在小户型的厨房使用挂架收纳厨具，不仅能保持台面的干净利落，厨具取放自由，而且可以让厨房空间变得更整洁。在材质上建议选择 304 不锈钢，不仅无毒无害，而且耐腐蚀性好并易于清洁

方便实用的化妆镜
参考价格 180~350 元 / 只

斑斓色彩

　　本案属于南北通透的框架式结构户型。设计师把卧室的阳台进行了外扩设计，不仅增强了卧室空间的采光与通风，而且还增加了室内的实用面积。在材质的运用上，以人字形的地板铺贴为主导，再结合家具、硬包、墙纸、装饰画等元素作为辅助，让整个空间显得美观且舒适。在色彩上采用了艳丽的颜色搭配，再以蓝色的点缀贯穿整个空间，让人倍感舒适优雅。

建筑面积　95m²
设计公司　逸尚东方设计
设 计 师　江磊、汤佳

金属脚的高光烤漆装饰柜
参考价格 3800~12000 元 / 组

不锈钢线条装点电视背景墙

客厅电视背景墙采用了简洁的涂料饰面，再用内凹不锈钢做衬托，与高光金属脚的电视柜形成了呼应。材质上的融洽运用，让装饰效果显得协调统一，同时还加强了客厅空间的层次感。此外，小装饰品的点缀，更是彰显出了客厅空间的优雅气质。

雅致细腻的装饰无纺布壁纸
参考价格 75~108 元 / ㎡

双层茶几的运用技巧

　　双层茶几除了具有美观的造型设计外，其双层的茶几台面也增加了收纳物品的能力。为了增大收纳功能，一些双层茶几还专门增加了抽屉的设计。双层茶几大小的选择要参考客厅的整体格局，如果沙发与电视柜之间的距离较近，以选择椭圆形小巧的双层茶几为好，如果空间条件允许，则可以选择长形或者比沙发略高的双层茶几。

趣味而有点缀性的装饰壁灯
参考价格 300~850 元 / 盏
现代简约风格的家居装饰壁灯，应选择简约清新的造型，同时在光线上应以柔和舒服、不刺眼为准。纯净优雅的装饰壁灯，尽显简约风格家居的品质与格调

舒适而富有质感的硬包
参考价格 450~850 元 / ㎡

恰到好处的卧室背景饰品

主卧背景采用了硬包与线框结合的设计手法，加以趣味装饰壁灯的点缀，让整个卧室空间呈现出了优雅的气质与品位。床头背景墙采用了别具一格的蓝色花妆点，不但不显凌乱繁杂，而且还增添了卧室空间的活力。

增加空间感的人字形地板拼铺
参考价格　480~1080 元 / ㎡
人字形地板在铺贴前地面须干净、干燥、稳定、平整。其后
先铺好地板的防潮垫，再根据需求合理、科学地调整地板的
朝向从墙角开始铺贴

蓝色的舞动餐厅

金色的餐桌脚、桌旗，与整体空间的金属元素形成
了呼应。"人字形"拼铺的地板让餐厅空间显得灵
动而富有生气。餐椅和背景墙在色彩上形成了巧妙
的呼应，蓝白色的结合让整个空间更具儒雅气息。
金色金属底座的水晶吊灯，是整个空间的点睛之笔，
彰显着餐厅空间的品位与质感。

具有鲜活个性的花瓶
参考价格　350~1100 元 / 组

色彩融于生活

　　将大胆的色彩融入居家设计中，既能增添空间里的视觉元素，还能凸显出空间的质感。本案采用不锈钢线条以及硬包装饰留缝的处理，再以线条切割的方式，营造出了空间的层次感。在空间色彩上，金色与朱红色在镜面的反射下，大大地增强了空间的视觉冲击力，同时使空间的层次感得到了进一步的提升。

建筑面积　89m²
设计公司　印象空间室内设计
设计师　　邹鼎风 张佳雄 刘嘉敏

具有奢华感的圆形水晶吊灯
参考价格 6500~15000 元 / 盏

⚠ 色彩统一的客厅空间

朱红色的运用，给客厅空间增添了时尚典雅的感觉。格子地毯的图案，结合顶棚圆角的玫瑰金顶角线，增强了整个空间的线条感。家具与装饰画的三角呈现，增强了空间画面的稳定感与对比性。暖光源的灯光映衬，让整体空间呈现了出温馨时尚的装饰品位。

富有个性且不缺时尚感的装饰吊灯
参考价格 2300~4500 元 / 盏

优雅又富有质感的大理石地砖
参考价格 235~650 元 / ㎡

线条感较强的玫瑰金不锈钢顶角线
参考价格 25~55 /m
在安装不锈钢顶角线时，应先检查墙面是否平整，对于不平整的墙面，一定要及时对其进行找平处理。一般情况下，如果误差小于5mm，在安装时可以用内用墙衬来进行找平，假如大于5mm，则需要利用石膏进行填补

 小户型装修课堂

客餐厅一体化的设计要点

由于小户型的空间较为紧凑，往往没有条件设立单独的餐厅，因此常将客厅餐厅两个功能区融合在一个空间中，从而大大地提高了小户型的空间利用率。小户型客餐厅一体的设计，一般会将用餐区布置在靠墙一角，餐桌的一边紧靠墙壁。客餐厅两个功能区之间可以采用吧台、矮柜等作为隔断。如需要让空间更显通透，还可以利用铺设地毯、设计波打线、灯光等形式将空间区分开来。

与顶面圆弧顶角线呼应的 U 形金色装饰烛台
参考价格 800~1500 元 / 组

圆弧顶角线与圆角餐桌的完美结合

餐厅采用圆角餐桌搭配圆弧造型的椅子，与顶面圆角的顶角线形成了完美的呼应。圆形的吊灯让整体空间更富有线条感。朱红色的皮质餐椅，给人一种时尚大气的感觉。镜面的运用不仅增强了空间的层次，而且还在视觉上扩大了客餐厅之间的空间感。

增强空间延伸感的镜面
参考价格 95~185 元 / ㎡

色彩艳丽且造型独特的实木餐椅
参考价格 1500~4500 元 / 张
由于实木材质是不断呼吸的天然有机体，因此实木家具在使用过程中应避免饮料、化学药剂或过热的物体放置在表面，以免损伤木质表面的天然色泽

◀

硬包结合不锈钢营造雅致的卧室空间
运用硬朗的线条搭配软质的硬包作为卧室背景，既增强了空间的线条层次，又为卧室空间营造出了温馨舒适的氛围。两侧内嵌银镜的点缀，增强了卧室的质感与时尚气息，同时还在视觉上扩大了空间面积。

增强卧室空间立体感的硬包装饰柱
参考价格 350~650 元 /m

楼上楼下的乐趣

　　本案是一套 loft 的城市公寓，设计师根据业主的实际需求，在设计上巧妙地利用了移动楼梯的办法，既满足了两侧房间上下走动的需求，而且不影响沙发背景上方吊柜的使用。合理的布局，不仅能将空间的利用率发挥到最大化，还能让家居生活变得更富有情调。嵌入式的楼梯让挑高的客厅空间显得更为完整，点线面的组合形式，勾勒出了丰富且具有层次感的空间。舒缓的灯光效果，映照出了生活的味道，同时也衬托出了材质的质感。空间里丰富的色彩运用，让家居环境显得个性十足且不乏雅致的品位。

建筑面积　50m²
设 计 师　冷元宝 汪丹萍 熊焰 郭晓晨 许江龙

线条感较足的钢架楼梯
参考价格 3800~5500 元/m
钢架楼梯比水泥楼梯安装更为方便,不仅大大地缩短了楼梯的施工时间,而且外形也十分美观。但由于钢架楼梯是钢制的,容易受到腐蚀。因此,为了安全和延长楼梯的使用寿命,应注意防水、防潮,并定期进行清洁维护

小角落透明玻璃台灯衬托个性空间品质
浅色的木饰面结合浅色的地板,再搭配灰色的沙发,在空间里制造出了极为强烈的完整感。楼梯与木饰面均采用了黑色的线条作为收边,加以结合黑色的边几,增加了空间的线条层次感。以色彩丰富的游戏画面作为沙发背景,不仅点缀了整体空间的色彩,而且还增加了空间装饰的个性与品质。

线条感屏风提升整体空间的层次

用白色线条作为二层的隔断屏风，再结合富有线条感的楼梯，提升了整体空间的层次。将移动楼梯内嵌至书架，不仅充分地利用了书架的空间，而且不会破坏客厅空间的整体性。黑色的楼梯扶手与白色屏风之间的呼应，让空间里的色彩对比显得更加鲜明。加以跳色的点缀，彰显着灵动时尚的生活情趣。

晶莹且不缺乏亮度的艺术吊灯
参考价格 1050~2300 元 / 盏

凸显空间的暗花壁纸
参考价格 70~120 元 / ㎡

◁

简洁的卧室空间同样不缺优雅品位。浅色的墙面、顶面以及木纹地板，搭配深灰色的床品，增强了整体空间的对比感。黄色床旗的点缀，提升了卧室空间的活力。小装饰画以及深色抱枕在灯光的衬托下，营造出了卧室空间的艺术气息。将榻榻米设立在卧室的靠窗处，增加了卧室空间的休闲感与舒适度。

收放自如的榻榻米升降桌
参考价格 手动 350~850 元 / 张
电动 1100~2800 元 / 张

妆点局部空间的落地花瓶
参考价格 350~850 元 / 只

舒适且个性十足的计算机椅
参考价格 950~3200元/张
在购买可升降的计算机椅时，一定要在当场对其做升降运动的
测试，并感受整个过程是否流畅平滑，有无松动和滑丝现象。
如果在升降过程中有卡顿、受阻等现象，则有可能存在质量问题。

不延则间差以及艳丽格点的相互关系
用灵活的纱帘作为书房和客厅之间的隔断，既不阻碍客厅在白
天时的采光需求，同时还保证了卧室空间的私密感。空间中不
同形状的装饰元素，结合艳丽色彩的装点，使家居装饰充满个
性且富有视觉冲击力。

色彩艳丽富有视觉冲击力的地毯
参考价格 1800~3500元/张

 小户型装修课堂

以书架作为小户型的空间隔断

在家居空间中往往需要利用隔断来区分功能区，但小户型的空间普遍偏小，再做墙面隔断会让空间更显拥堵，因此需要利用一些灵活性更大的隔断来区分小空间的功能区，比如可以利用书架作为小户型家居的隔断，兼具隔断、收纳、饰品展示等功能。以书架作为隔断，不仅让家居更显美观精致，同时也能让小户型的空间格局更为讨巧。

实用且美观大方的镜柜
参考价格 550~680 元 / ㎡

154

小户型空间改造创意设计全书

白色与原木色的优雅

　　楼梯和餐厅的结合是本案设计的一大亮点，既满足了餐厅挑高的空间感，而且也让空间得以充分的利用。从挑空中垂吊着的灯饰，不仅很好地拉升了空间的视觉感受，而且还增加了空间的层次感。在材质上，采用白色的哑光烤漆板和原木色木板以及木饰面相结合，自然而优雅。再加以局部镜面的点缀，带来了十足的质感。富有品位与艺术气质的家具，让整体空间显得精致且不乏生活气息。

建筑面积　40m²
设计公司　筑详装饰设计
设计师　　刘丽 张岩岩

简洁优雅，创意感突出的钓鱼灯
参考价格 850~1680 元 / 盏

抽象且不缺装饰性的黑白画
参考价格 350~1250 元 / 副

品位舒适的休闲真皮沙发椅
参考价格 2800~8600 元 / 张
真皮沙发的日常护理一般用拧干的毛巾进行简单的擦洗即
可，2~3 个月用皮革清洗剂对真皮沙发进行一次全面的清
洁，注意不要用含酒精的清洗剂来擦洗

▲ 装饰架以及书架延续空间视觉

采用规整的装饰架作为楼梯背景，增强了二层过道的空间感。玻璃隔断增加了卧室的自然采光以及通透性。灰色玻璃衣柜门的运用，不仅增强了卧室空间的色彩对比，而且还营造出了卧室空间的优雅氛围。

增强层次感且不缺艺术性的吊灯
参考价格 350~850 元 / 个

充满品质生活味道的橱柜
参考价格 1600~4500 元 /m

简洁具有线条感不缺乏张力的楼梯
参考价格 1680~3850 元 /m

⚠ 楼梯环绕的开放式餐厨空间

挑空的空间，采用了极富创意的装饰吊灯，满足了楼梯与餐厅空间的照明需求。餐厅与客厅用两种不同的地面材质，形成了视觉上的隔断效果。厨房的吊柜和客厅的地面在颜色上遥相呼应，从而加强了两个功能区之间的联系。

衬托空间质感的木饰面
参考价格 350~750 元 / ㎡

餐厨空间与客厅空间的地面使用了不同的材质进行铺贴，不仅增加了整体空间的层次感，而且还在视觉上对两个功能区进行了划分。深色的厨房台面结合白色的哑光烤漆门板，在太阳光的穿透下，整体空间显得格外舒适雅致。

简洁方便打扫且节约空间的挂墙式马桶
参考价格 4800~8500 元 / 套
挂墙式马桶的入墙水箱需要精密的安装，比普通马桶的安装更为规范，因此要严格按照产品的安装手册来进行施工安装，而且最好由专业的技术人员来安装

白色的瓷砖结合白色的石膏板吊顶，在灯光的衬托下显得格外干净明了。黑白装饰画的点缀，在空间里形成了色彩对比，从而增加了卫生间的装饰效果。挂墙式马桶不仅节约了空间，而且让卫生间的地面打扫更为方便，需要注意的是，挂墙式马桶在安装时需注意衔接管道的弯头牢固度。

 小户型装修课堂

挂墙式马桶的功能作用

　　小户型的卫生间空间本来就小，安装落地式马桶则会占用更多的宝贵空间。因此，可以选择挂墙式的马桶。由于挂墙式马桶悬挂在墙面上，不与地面接触，因此容易打扫，也相对比较卫生。此外，相对于传统的落地式马桶而言，挂墙式马桶不占用地面空间，加上与隐蔽式水箱的配合，可以改变马桶在卫生间的位置，能够让空间利用起来更加灵活，容纳更多的东西。

木色勾勒简约质感

    本案以简洁干练的设计，让空间布局更为合理。在空间装饰上，大面积地采用了地板上墙的设计，加以镜子及灰玻做隔断相结合，让整体空间既有自然质感的木纹，又不失现代风格的硬朗。开放式的厨房不但可以让进门处空间的视线更加开阔，还让厨房和餐厅的连接更加紧密。采用灰玻作为隔断，在解决过道采光不足的同时，还具备一定的私密性。整体空间结合家具以及软装饰品的点缀，彰显了现代家居的设计品位。

建筑面积　89m²
设计公司　筑详装饰设计
设 计 师　刘丽 张岩

既有木质感又有装饰性的地板
参考价格 350~750 元／㎡

◄

具有视觉穿透力的过道

采用灰玻作为过道和娱乐室的墙面隔断，增加了过道的采光和空间感。去往客餐厅过道的正前方采用镜面装饰，增加了过道的通透性和整体感。采用镜子和玻璃等材质需注意做好收边处理，避免带来划伤和撞击的危险。

増加空间线条感以及照明度的吊灯
参考价格 150~350 元 / 盏

▲ 营造简洁的品质卧室

由于卧室空间狭小，设计师把柜子做成上下柜的形式，增加了卧室空间的层次。木地板结合软包的装饰手法，加以床头吊灯的点缀，彰显出了卧室空间的优雅品位。

► 星光形隆的儿童房空间

蓝色星星点点的壁纸和床品，结合枝叶散开的吊灯，增强了空间的层次感，而且让儿童房更显活泼。各种图案的交织，让这个空间角落成为一抹别致的风景。

让空间增加层次感的染白防腐木
参考价格 285~480 元 / m²
防腐木本身就具有防腐的功效，因此在安装的时候不用再加任
何的保护性涂料。如果对防腐木的颜色不是很满意，建议使用
油性的或者是水性的涂料来处理

让绿植墙增加趣味点缀的可挂墙玻璃花瓶
参考价格 80~160 元 / 只
在家居空间里如果能够搭配一个别出心裁的挂墙花瓶，不但内
部植物可以为空间带来点点绿意，而且花瓶本身也可作为装饰
品点缀家居

让阳台更生机勃勃的植物墙
参考价格 120~350 元 / m²

颜色艳丽的创意小圆几
参考价格 550~1600 元 / 张

别致一角的绿植墙

以绿植作为背景，让这个角落充满惬意。防腐木围边
在修饰管道的同时，更让绿植有了收边的作用。装满
白色石米的玻璃圆罐，搭配桌椅的艳丽色彩，让空间
更有生机并充满生活情趣。

既能用于日常照镜子，又能满足卫生间收纳的镜柜
参考价格 280~480 元 / m²

小户型装修课堂

设置镜柜时应注意的问题

　　卫生间是家里零碎杂物最多的地方，然而
小户型的卫生间面积通常较为狭小，因此在对
其进行设计时要优先考虑到收纳问题，充分合
理地利用好卫生间里的每一寸空间。比如可以
在洗手台上设置镜柜，不仅能作为镜面使用，
而且还能将瓶瓶罐罐收纳在镜柜中。此外，由
于镜柜一般需要悬挂在墙体上，因此在设计前
应考虑到墙体的承重问题。

附录
小户型案例户型改造 + 材料清单

户型档案

案例风格　现代简约

案例户型　三房两厅一厨一卫

建筑面积　105 m²

设计费用　1.3 万元

半包费用　8.8 万元

业主信息　三口之家（孩子 5 岁）

业主要求　进门处要有足够的储物，增加餐边柜功能，需要增加书房（可双人同时办公和学习）兼客卧功能，次卧需要增加储物空间，厨房需要更多操作台以及实现电器柜功能，洗衣机希望保留在卫生间使用

装修主材　实木多拼地板、中央空调、木饰面、乳胶漆、墙纸、软包、大理石

设计公司　上海季洛创意设计

本案属于 2000 年后早期的电梯商品房，得房率偏高，但是由于动线上的不合理划分以及空间的规划上得不到很好的利用，让整体空间的使用面积得不到充分的发挥而大打折扣。业主对房屋的设计需求以满足功能的同时实现美观，设计上定位现代简约风格。在空间的格局上，设计师利用改动厨房与北阳台的格局，以及主卧门洞和餐厅的位置，在满足储物功能和生活动线外，合理布局餐厅，把原餐厅空间解放出来，增加了书房以及榻榻米兼客卧的功能。满足了储物空间的同时，融入了许多原木家具的使用，让整体空间凸显了实用性、环保性以及舒适性。实木多拼地板的点缀，更是增加了空间的层次和视觉冲击力。

▼ 改造前

▼ 改造后

李戈

上海季洛设计创始人兼设计总监、国际建筑装饰室内设计协会高级设计师、中国建筑装饰协会会员、中国室内装饰协会注册高级室内设计师。国内多家专业家居杂志、室内设计类图书与互联网媒体等特邀专家嘉宾，曾受邀参编《小空间大设计改造二手房》、《风尚美家 现代简约》等热销图书。

秉承"构筑精致设计，筑品位生活"服务于每个空间，对各类空间功能的整理和规划有着自己广阔的思路，对空间和颜色之间的搭配和融合有着自己独特的见解。作品《明泉·濮院》荣获 2017 年 CBDA 设计奖"公寓／别墅空间类"银奖、作品《绿地 21 世纪城》荣获 2017 年年度中国设计品牌大会住宅公寓品牌空间最具创新奖。

户型缺陷

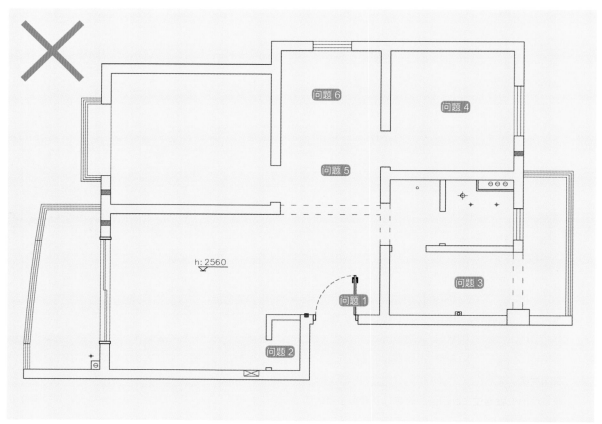

问题 1. 进门门厅过大，比较浪费，没有足够的空间摆放鞋子，空间得不到合理的利用。

问题 2. 客厅储物间采用开门取物的方式，在摆放完沙发之后，造成使用不便。

问题 3. 厨房连接北阳台，因为要留通向北阳台的通道，造成看似蛮大的厨房，但实际操作空间却不能满足日常生活需求。

问题 4. 小房间面积较小，需要提升储物功能。

问题 5. 餐厅与厨房相距稍远，动线上需要更好的调整。

问题 6. 需要增加书房兼客卧的功能，满足偶住。

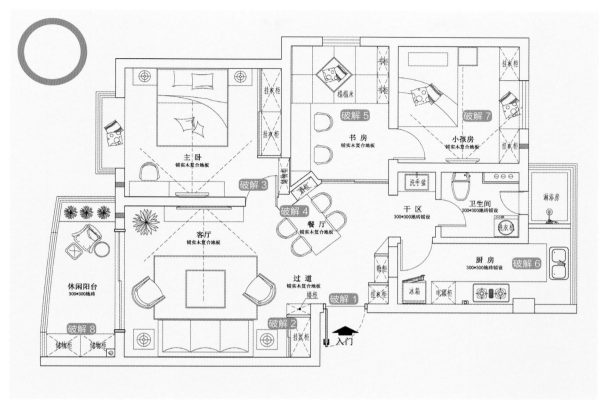

破解 1. 进户门改外开，方便日常鞋子的摆放。进门挂衣柜的设计除了满足进门挂衣服放包之外，镜柜门的使用增加了进门处的通透感，而且更多了一面日常的全身镜功能，装饰架的斜面设计更为进门处增添了装饰作用。

破解 2. 客厅原有的储藏间通过改造，变成移门储物柜，为沙发摆放节省了空间；在缩短储藏柜的同时，在朝向餐厅处增加了边柜，为提升餐厅的空间使用率做了铺垫。

破解 3. 主卧门洞改向客厅电视背景处，释放了原来餐厅的过道空间，实现双人同时办公或学习的书桌功能的同时，利用主卧原有门洞的厚度改造成了储物柜，从而增加了主卧的储物空间。

破解 4. 利用门厅、客厅与原餐厅交接的阳角处，做斜面的处理摆放餐桌，让进门不正对餐桌外，增加了空间的动线流畅与美观，也解决了原餐厅与厨房动线不足的问题，餐桌靠边的地方设计了餐边酒柜的装饰功能，提升了进门处的空间层次。

破解 5. 原餐厅的位置通过主卧门洞的改变以及餐桌位置的摆放得到更合理的解决，从而释放出来一整块大空间改造成书房兼偶住的客卧，榻榻米以及升降桌的设计更是增加了书房的储物功能以及休闲娱乐的需要。

破解 6. 北阳台与厨房切断，然后与卫生间打通，把北阳台改造成了淋浴间，大大提升了厨房的操作空间，实现了业主想把洗衣机留在卫生间的要求，洗衣池的设计更是增加了强大的实用功能。

破解 7. 北卧室改造成小孩房，靠窗处设计了卡座兼挂衣柜的功能，除了满足日常看书休闲之外，次卧原储物空间不足的问题也得到很好的解决。

破解 8. 利用阳台一侧做成了顶天立地的高柜，在不影响采光以及升降晾衣架使用的前提下，大大提升了空间的储物能力。

	材料名称	参考价格
	装饰模压移门（拉迷）	550~750 元 / m²
	橡木实木复合多拼地板（乔木世家）	350~550 元 / m²
	榻榻米升降台（季洛专用）	550~950 元 / 张
	黑框玻璃书柜门（灵艺橱柜）	380~550 元 / m²
	免漆饰面板（声达）	350~550 元 / m²
	哑光烤漆整体橱柜（灵艺橱柜）	2600~3800 元 / 延米
	哑光 300×300 地砖（金艾陶）	2600~3800 元 / 延米
	恒温带下水水龙头（汉斯格雅）	2600~4600 元 / 套
	黑白根大理石台阶（丰源石材）	360~650 元 / m²

	材料名称	参考价格
	装饰硬包	350~680 元 / m²
	吊灯	1500~2800 元 / 盏
	装饰台灯	350~650 元 / 盏
	懒人椅	1600~3200 元 / 张
	装饰挂画	650~850 元 / 组
	装饰花瓶	260~380 元 / 套
	落地鹿	860~1280 元 / 组